Zur Einführung.

Die Werkstattbücher behandeln das Gesamtgebiet der Werkstattstechnik in kurzen selbständigen Einzeldarstellungen; anerkannte Fachleute und tüchtige Praktiker bieten hier das Beste aus ihrem Arbeitsfeld, um ihre Fachgenossen schnell und gründlich in die Betriebspraxis einzuführen.

Die Werkstattbücher stehen wissenschaftlich und betriebstechnisch auf der Höhe, sind dabei aber im besten Sinne gemeinverständlich, so daß alle im Betrieb und auch im Büro Tätigen, vom vorwärtsstrebenden Facharbeiter bis zum leitenden Ingenieur Nutzen aus ihnen ziehen können.

Indem die Sammlung so den einzelnen zu fördern sucht, wird sie dem Betrieb als Ganzem nutzen und damit auch der deutschen technischen Arbeit im Wettbewerb der Völker.

Bisher sind erschienen:

Heft 1: **Gewindeschneiden.** (7.—12. Tausd.)
  Von Obering. O. Müller.
Heft 2: **Meßtechnik.** Zweite, verbesserte Auflage. (7.—14. Tausend.)
  Von Professor Dr. techn. M. Kurrein.
Heft 3: **Das Anreißen in Maschinenbauwerkstätten.** (7.—12. Tausend.)
  Von Ing. H. Frangenheim.
Heft 4: **Wechselräderberechnung für Drehbänke.** (7.—12. Tausend.)
  Von Betriebsdirektor G. Knappe.
Heft 5: **Das Schleifen der Metalle.** Zweite, verbesserte Auflage.
  Von Dr.-Ing. B. Buxbaum.
Heft 6: **Teilkopfarbeiten.** (7.—12. Tausend.)
  Von Dr.-Ing. W. Pockrandt.
Heft 7: **Härten und Vergüten.**
  1. Teil: **Stahl und sein Verhalten.**
  Zweite, verbess. Auflage. (16.—17. Tausd.)
  Von Dipl.-Ing. Eugen Simon.
Heft 8: **Härten und Vergüten.**
  2. Teil: **Praxis der Warmbehandlung.**
  Zweite, verbesserte Auflage.
  (16.—17. Tausend.)
  Von Dipl.-Ing. Eugen Simon.
Heft 9: **Rezepte für die Werkstatt.**
  (7.—10. Tausend.)
  Von Ing.-Chemiker Hugo Krause.
Heft 10: **Kupolofenbetrieb.**
  Von Gießereidir. C. Irresberger.
Heft 11: **Freiformschmiede.**
  1. Teil: **Technologie des Schmiedens. — Rohstoffe der Schmiede.**
  Von Direktor P. H. Schweißguth.
Heft 12: **Freiformschmiede.**
  2. Teil: **Einrichtungen und Werkzeuge der Schmiede.**
  Von Direktor P. H. Schweißguth.
Heft 13: **Die neueren Schweißverfahren.**
  Zweite, verbesserte u. vermehrte Auflage.
  Von Prof. Dr.-Ing. P. Schimpke.
Heft 14: **Modelltischlerei.**
  1. Teil: **Allgemeines. Einfachere Modelle.**
  Von R. Löwer.
Heft 15: **Bohren.**
  Von Ing. J. Dinnebier.

Heft 16: **Reiben und Senken.**
  Von Ing. J. Dinnebier.
Heft 17: **Modelltischlerei.**
  2. Teil: **Beispiele von Modellen und Schablonen zum Formen.** Von R. Löwer.
Heft 18: **Technische Winkelmessungen.**
  Von Prof. Dr. G. Berndt.
Heft 19: **Das Gußeisen.**
  Von Ing. Joh. Mehrtens.
Heft 20: **Festigkeit und Formänderung.**
  Von Studienrat Dipl.-Ing. H. Winkel.
Heft 21: **Einrichten von Automaten.**
  1. Teil: **Die Systeme Spencer und Brown & Sharpe.**
  Von Ing. Karl Sachse.
Heft 22: **Die Fräser.**
  Von Ing. Paul Zieting.
Heft 23: **Einrichten von Automaten.**
  2. Teil: **Die Automaten System Gridley (Einspindel) u. Cleveland u. die Offenbacher Automaten.**
  Von Ph. Kelle, E. Gothe, A. Kreil.
Heft 24: **Der Stahl- und Temperguß.**
  Von Prof. Dr. techn. Erdmann Kothny.
Heft 25: **Die Ziehtechnik in der Blechbearbeitung.**
  Von Dr. Ing. Walter Sellin.
Heft 26: **Räumen.**
  Von Ing. Leonhard Knoll.
Heft 27: **Einrichten von Automaten.**
  3. Teil: **Die Mehrspindel-Automaten.**
  Von E. Gothe, Ph. Kelle, A. Kreil.
Heft 28: **Das Löten.** Von Dr. W. Burstyn.
Heft 29: **Die Kugel- und Rollenlager (Wälzlager).** Von Hans Behr.
Heft 30: **Gesunder Guß.**
  Von Prof. Dr. techn. Erdmann Kothny.
Heft 31: **Gesenkschmiede.** 1. Teil: **Arbeitsweise und Konstruktion der Gesenke.**
  Von P. H. Schweißguth.
Heft 32: **Die Brennstoffe.**
  Von Prof. Dr. techn. Erdmann Kothny.
Heft 33: **Der Vorrichtungsbau.**
  I: **Einteilung, Einzelheiten u. konstruktive Grundsätze.**
  Von Ing. Fritz Grünhagen.

Aufstellung der in Vorbereitung befindlichen Hefte s. 3. Umschlagseite.

Jedes Heft 48—64 Seiten stark, mit zahlreichen Textfiguren.

WERKSTATTBÜCHER

FÜR BETRIEBSBEAMTE, VOR- UND FACHARBEITER

HERAUSGEGEBEN VON EUGEN SIMON, BERLIN

HEFT 33

Der Vorrichtungsbau

Von

Fritz Grünhagen

I

Einteilung, Einzelheiten und
konstruktive Grundsätze

Mit 230 Figuren im Text

Springer-Verlag Berlin Heidelberg GmbH
1928

Inhaltsverzeichnis.

Seite

Vorwort 3

  I. Bedeutung, Zweck und Ziel des Vorrichtungsbaues 3

 II. Einordnung des Vorrichtungsbaues in den Betrieb 5

III. Arbeitsvorbereitung 6

IV. Einteilung der Vorrichtungen 9
    A. Haupteinteilung 9
    B. Unterteilung der reinen Spannvorrichtungen 10
    C. Unterteilung der Bohrspannvorrichtungen 12
    D. Unterteilung der Arbeitsvorrichtungen 13

 V. Funktionen und Elemente der Vorrichtungen 14
    A. Spannen 14
    B. Zentrieren und Bestimmen 21
    C. Unterstützen 29
    D. Druckverteilen und Umlenken 32
    E. Verschließen 36
    F. Auswerfen 38
    G. Teilen und Feststellen 39
    H. Einstellen der Werkzeuge und Messen 41
    J. Führen der Bohrwerkzeuge 42
    K. Verbindung von Vorrichtung und Maschine 47

 VI. Wesen und konstruktive Grundsätze der reinen Spannvorrichtungen 49
    A. Allgemeines 49
    B. Bemerkenswertes einzelner Unterarten 51

VII. Wesen und konstruktive Grundsätze der Bohrspannvorrichtungen 57
    A. Allgemeines 57
    B. Bemerkenswertes einzelnen Unterarten 57

VIII. Wesen und konstruktive Grundsätze der Arbeitsvorrichtungen . . . 61

ISBN 978-3-662-41688-4   ISBN 978-3-662-41825-3 (eBook)

DOI 10.1007/978-3-662-41825-3

Vorwort.

Der Vorrichtungsbau, ein Nebenindustriezweig, der notwendigerweise überall dort in Erscheinung tritt, wo Erzeugnisse der Metallindustrie in Reihen oder Massen hergestellt werden, hat in den letzten Jahren durch die schwierige Wirtschaftslage an Bedeutung außerordentlich gewonnen. Alle Betriebe, die das richtig erkannt haben, werden mit abnehmender Allgemeinbeschäftigung ihre Kräfte im Vorrichtungsbau nicht verhältnismäßig verringert, sondern eher verstärkt haben, um die Hauptursachen der Beschäftigungslosigkeit erfolgreich bekämpfen zu können. Der volle Erfolg ist aber nicht allein abhängig von einer zielsicheren und tüchtigen Oberleitung, sondern auch von dem Heer der Mitarbeiter vom Konstrukteur bis zum Werkzeugmacher, das nur durch ein gutes Sonderstudium auf höchste Leistungsfähigkeit gebracht werden kann.

Wenn auch bereits viel und manches Gute in der Zeitschriften- und Buchliteratur über Vorrichtungen veröffentlicht worden ist, so bestehen bei der Vielgestaltigkeit des Stoffes zurzeit trotzdem noch große Lücken, und der praktische Betriebsmann und Konstrukteur sowie der sich heranbildende Nachwuchs finden eigentlich wenig mehr über den Vorrichtungsbau, als zur allgemeinen Ingenieurausbildung erforderlich ist.

Verfasser hat es daher übernommen, hauptsächlich gestützt auf seine jahrzehntelangen praktischen Erfahrungen an Schraubstock und Reißbrett, und als Werkstättenleiter, die Lücken auszufüllen, und sowohl dem Lernenden als auch dem in der Praxis Stehenden ein Sammelwerk für Studien und Nachschlagezwecke zu schaffen.

Der vorliegende 1. Teil ist in sich abgeschlossen und behandelt besonders eingehend die Funktionen und Elemente der Vorrichtungen und bringt auch eine sachgemäße Einteilung, die bisher vernachlässigt worden ist.

Literaturangaben sind nicht gemacht worden, da sie belanglos wären. Zu erwähnen ist nur das zuletzt von O. M. Müller erschienene, die anderen weit überragende Buch: „Zeitsparende Vorrichtungen im Maschinen- und Apparatebau", das noch voll berücksichtigt werden konnte und dem einige gute Beiträge und Anregungen zu verdanken sind.

I. Bedeutung, Zweck und Ziel des Vorrichtungsbaues.

1. Begriff, Ursprung und Entwicklung der Vorrichtung. Der Begriff Vorrichtung ist in der deutschen Technik außerordentlich vieldeutig und umfassend. Ganz allgemein bezeichnet man als Vorrichtung wohl alle Einrichtungen und Hilfsmittel, die entweder als selbständiges Ganzes zu irgendeinem Arbeitsvorgange benötigt werden oder die auch in Verbindung mit einer Maschine zu deren Vervollkommnung und besseren Ausnutzung bestimmt sind. Die im vorliegenden Werk behandelten Vorrichtungen dienen mittel- oder unmittelbar zur Metallbearbeitung durch Schneidwerkzeuge.

Als die ersten Vorrichtungen dieser Art können die ursprünglichen Werkzeugmaschinen angesehen werden, mit deren Hilfe man die umständliche und langwierige Handarbeit beseitigte. Der Meißel wurde nicht mehr freihändig, sondern durch Vorrichtungen zwangläufig geführt. Diese wurden nach und nach weiter ausgebaut, und es entstanden die ersten Werkzeugmaschinen. Durch zahlreiche weitere Zusatzvorrichtungen, die zum Teil von Praktikern angebaut wurden, und auch durch planmäßige Konstruktion entwickelten sich diese Maschinen zu hoher Vollendung und einem gewissen Abschluß.

Wenn diese Maschinen für den Bedarf des allgemeinen Maschinenbaues auch fast an der Grenze der Ausbaufähigkeit angelangt sein dürften, so genügen sie in der Reihen- und Massenanfertigung den Anforderungen meist nur dann, wenn sie als Sondermaschinen für bestimmte Werkstücke konstruiert worden sind. Das setzt aber voraus, daß die Werkstücke in Form und Größe beständig und auch in solchen Mengen herzustellen sind, daß die Maschinen voll ausgenutzt werden können. Ist das aber nicht der Fall, so vervollkommnet man sowohl neu angeschaffte, als auch die vorhandenen Maschinen dadurch, daß man sie für alle vorkommenden Werkstücke mit besonderen auswechselbaren Vorrichtungen versieht. Hier liegt das eigentliche Gebiet des Vorrichtungsbaues.

2. Aufgaben und grundsätzliche Ziele. Die Hauptaufgabe des Vorrichtungsbaues besteht darin, den Fertigungsvorgang zu verbessern mit dem Ziel, die Herstellungskosten und somit die Verkaufspreise zu verringern, damit ein dauernder Massenabsatz ermöglicht wird. Weitere Aufgaben bestehen darin, in besonderen Fällen gewöhnliche Maschinen so herzurichten, daß auf ihnen ungewöhnliche Arbeiten leichter oder überhaupt ausgeführt werden können.

Um das Ziel zu erreichen, sind grundsätzlich folgende Punkte zu beachten.

1. Größtmögliche Ausnutzung der Werkzeugmaschinen.

2. Verkürzung bis zur völligen Beseitigung der sogenannten Nebenzeiten, die zum Spannen, Ausrichten, Messen usw. benötigt werden.

3. Entlastung der gelernten Facharbeiter, damit sie für Sonderarbeiten frei werden.

4. Entlastung der Arbeiter von körperlicher Anstrengung.

5. Unbedingte Austauschfähigkeit der Werkstücke ohne handwerksmäßiges Nacharbeiten.

Diese Punkte müssen jedem Werkstättenleiter, jedem Vorrichtungsbauer und -konstrukteur in Fleisch und Blut übergehen. Auch müßte jeder Arbeiter an ihrer Einhaltung interessiert sein.

Die Erfüllung aller Punkte wird natürlich nicht immer möglich sein, besonders dann nicht, wenn die Kosten für die Herstellung der Vorrichtungen eine Rolle spielen. Das ist der Fall, wenn die Werkstücke nicht in genügender Stückzahl herzustellen sind. Je höher die Stückzahlen sind, desto weniger fallen die Anschaffungskosten für die Vorrichtungen ins Gewicht (sie verteilen sich dann auf das einzelne Stück als ganz geringer Anteil), desto sorgfältiger können die Vorrichtungen durchgebildet und desto mehr kann am einzelnen Stück an Herstellungskosten erspart werden.

3. Austauschfähigkeit als Mittel zur Erreichung des Hauptzieles. An der Austauschfähigkeit als solcher ist zwar auch das kaufende Publikum insofern interessiert, als es jederzeit möglich ist, genau passende, billige Ersatzteile zu erhalten, die es ohne Nacharbeit und ohne Hilfe von Facharbeitern einbauen kann. Diese, mit der Austauschfähigkeit verbundene nützliche Nebenerscheinung darf aber niemals Hauptzweck sein, sondern dieser bleibt immer der billige Verkaufspreis.

Wird z. B. die Austauschfähigkeit nur mit höheren Fertigungskosten erreicht, so ist darin schon eine falsche Auffassung der Betriebsleitung erkennbar, und in der Durchbildung und Leitung der Fabrikation müssen Fehler liegen. Das ist auch dann der Fall, wenn unter der Parole unbedingter Austauschfähigkeit Werkstättenleitung und Vorrichtungsbau nicht in der Lage sind, die Herstellung der

Einzelteile so vorzubereiten und durchzuführen, daß die Austauschfähigkeit zum mindesten ohne Mehrkosten gewährleistet wird.

Werden bei sachgemäßer Vorbereitung die Einzelteile aber ohne Nacharbeit billig und ohne nennenswerten Prozentsatz von Fehlstücken austauschfähig hergestellt, so ist auch das Hauptziel, der billige Preis für das Fertigfabrikat erreicht, denn die größten und verblüffendsten Ersparnisse an Löhnen werden erst beim Zusammenbau erzielt. Die Zeit, die hierfür benötigt wird, setzt sich dann nur noch aus Sekunden für eine Anzahl ganz bestimmter und geregelter Handgriffe zusammen. Arbeiten, für die sonst bei nicht austauschfähigen Teilen Stunden benötigt werden, lassen sich auf diese Weise in wenigen Minuten erledigen.

II. Einordnung des Vorrichtungsbaues in den Betrieb.

Von jeher wurde in den Maschinenfabrikbetrieben eine kleine Abteilung, die Werkzeugmacherei, unterhalten, deren Aufgabe darin bestand, die Werkzeuge in Ordnung zu halten und die Schneidstähle, erforderlichenfalls auch Sonderwerkzeuge anzufertigen. Sie wurde vollständig auf das Unkostenkonto verbucht. Mit dem Einzug der Reihenfertigung sind die Aufgaben der ehemaligen Werkzeugmacherei bedeutend erweitert worden, so daß heute der Hauptzweck die Herstellung von Vorrichtungen ist. Trotzdem wird aber meistens noch an der alten Bezeichnung festgehalten und fälschlicherweise auch an der alten Verrechnungsart. Auch wird vielfach der Fehler gemacht, daß neben den Vorrichtungen auch handelsübliche Werkzeuge hergestellt werden. Die Fabrikation von Vorrichtungen und Gemeinwerkzeugen erfordert jedoch zwei grundverschiedene Verfahren. Der Vorrichtungsbau trägt durchaus individuellen Charakter und kann daher niemals Reihenfertigung sein. Soll die Herstellung von Gemeinwerkzeugen für eigene oder auch für Handelszwecke mit der Konkurrenz Schritt halten, so muß sie aufs sorgfältigste als Reihen- oder Massenfabrikation aufgezogen werden. Es kann aber niemals auch nur mit bescheidenem Erfolg in einer Werkstatt gleichzeitig Einzel- und Reihenfertigung betrieben werden.

Mit den ganz bedeutend erweiterten Aufgaben, die der ehemaligen Werkzeugmacherei zugefallen sind, ist auch der ganze Aufbau anders geworden. Es sind mehrere Unterabteilungen erforderlich, zu deren Gesamtleitung nicht nur ein tüchtiger Werkzeugfachmann, sondern ein auf allen Gebieten der Fabrikation durchaus erfahrener Betriebsmann gehört. Diesem muß als Fabrikationsleiter unter allen Umständen ein Einfluß auf alle Abteilungen des Betriebes, sei es Konstruktionsbureau oder Werkstatt, zugebilligt werden. Er muß die maßgebendste Person der gesamten Werksleitung hinter sich haben, um sich in allen Streitfällen Geltung verschaffen zu können. Alle die Fabrikation betreffenden Anregungen und Verbesserungsvorschläge sind nach dieser Stelle zu leiten, damit sie hier sachgemäß und unparteiisch geprüft werden können. Zu den bereits erwähnten Unterabteilungen gehört das Fabrikationsbureau mit angegliederter Kalkulation und Zeitaufnahme und die Werkstatt mit den erforderlichen Nebeneinrichtungen.

4. Fabrikationsbureau. Das Fabrikationsbureau ist die geistige Geburtsstätte der Vorrichtungen und der Ort der Arbeitsvorbereitung überhaupt. Hier entstehen und reifen nicht nur die Pläne für die Bearbeitungsverfahren der einzelnen Fabrikate, sondern es werden auch die Vorrichtungen entworfen und werkstattmäßig aufgezeichnet. Es muß neben den für ein Zeichenbureau erforderlichen Einrichtungsgegenständen auch noch verschiedene andere Einrichtungen enthalten, die eine Übersicht über die vorhandenen Fabrikationsmittel gestatten. Dazu gehört

vor allem eine vorzüglich geleitete Kartothek. Das Personal ist aufs sorgfältigste
zu sieben, denn es können hier nicht die erstbesten Techniker verwendet werden,
sondern nur Konstrukteure mit besonderer Veranlagung.

5. Kalkulation. Dem Fabrikationsbureau räumlich angegliedert ist die Kalkulation für den Vorrichtungsbau, die Vor- und Nachkalkulation einschließt.
Die Aufgaben, die ihr gestellt sind, weichen jedoch wesentlich von den sonst
üblichen ab. Da im Vorrichtungsbau die Akkordarbeit (s. 3. Teil) unzweckmäßig
ist, da sie nur hemmend wirkt, so ist es auch unnötig, die Einzelteile in üblicher
Weise vorzukalkulieren, sondern es genügt, im Bedarfsfalle den Gesamtpreis
schätzungsweise abzugeben. Ihre Hauptaufgabe muß darin bestehen, an Hand
einer überschlägigen Nachkalkulation und der durch die Vorrichtungen gemachten
Ersparnisse die Rentabilität der Vorrichtungen nachzuprüfen und den Gesamt-
wirkungsgrad des Vorrichtungsbaues zu überwachen und zahlenmäßig nieder-
zulegen. Das darf natürlich nur mit den einfachsten Mitteln geschehen.

6. Zeitaufnahme. Diese ebenfalls dem Fabrikationsbureau angegliederte Stelle
übernimmt die fertigen und geprüften Vorrichtungen, um einwandfrei und un-
beeinflußt die tatsächlichen Arbeitszeiten festzulegen, die im Falle der Akkordarbeit für die Preisfestsetzung maßgebend sind. Die Zeitaufnehmer haben selbst
mit Hand anzulegen, um aus Maschine und Vorrichtung die beste Dauerleistung
herauszuholen. Sie müssen sich vorher genau über die Funktion der Vorrichtungen
unterrichten und auftretende Mängel beseitigen lassen. Auf diese Posten gehören
nur gewandte Praktiker, denen tüchtige Einrichter (Werkzeugmacher) zur Seite
stehen müssen.

7. Werkstatt. Um die Vorrichtungen genau und billig herstellen zu können,
ist eine helle und geräumige Werkstatt mit den entsprechenden Maschinen und
Einrichtungen erforderlich. Die Frage des Lichtes wird ganz allgemein viel zu
nebensächlich behandelt, beim Vorrichtungsbau spielt sie aber eine besonders
große Rolle. Keine Maschine darf in einer halbdunklen Ecke aufgestellt werden.
Als Bearbeitungsmaschinen kommen nur erstklassige Fabrikate in Frage, die mit
allen erforderlichen Nebeneinrichtungen versehen sind und besonders für den
Vorrichtungsbau in den Handel gebracht werden. Das Arbeiterpersonal ist aufs
sorgfältigste auszuwählen, und an den Maschinen, ganz gleich welcher Art, sind nur
bewährte erstklassige Facharbeiter zu verwenden. Ausnahmen dürfen nur an solchen
Maschinen stattfinden, die ausschließlich für Schrupparbeiten verwendet werden.

Die Nebeneinrichtungen bestehen aus der Werkstoffbeschaffungsstelle und der
Zwischen- und Endkontrolle. Die Zwischenkontrolle hat die Einzelteile nach jeder
Arbeitsstufe nachzuprüfen und weiterzuleiten, während die Endkontrolle die
richtige Wirkungsweise im Sinne des Konstrukteurs zu überwachen hat. Sie muß,
wenn sie ihre Aufgabe richtig erfüllen soll, Hand in Hand mit dem Fabrikationsbureau arbeiten.

III. Arbeitsvorbereitung.

Früher wurden die Werkstätten beim Ausführen der Aufträge sich selbst über-
lassen. Der Meister bestimmte die Art der Bearbeitung und der Arbeiter unterteilte
sich die ihm zugewiesenen Arbeiten nach eigenem Gutdünken und Belieben und
sorgte auch selbst für die nötigen Werkzeuge. Auch fertigte sich die Werkstatt
nach eigenen Ideen lohnsparende Vorrichtungen an, die mehr oder weniger ihren
Zweck erfüllten, oder sie gab bestimmt bezeichnete oder auf flüchtigen Skizzen
entworfene Vorrichtungen in der Werkzeugmacherei in Bestellung.

Mit der allgemein für die einschlägigen Fabrikate eingeführten Reihenfertigung
ist auch hier ein völliger Umschwung eingetreten. Zwar wird es nach wie vor

der Werkstatt unbenommen bleiben, ihrerseits Vorschläge für Verbesserungen zu machen, nach denen Vorrichtungen hergestellt werden. Die Grundlage für den Vorrichtungsbau im modernen Betriebe bildet jedoch die Arbeitsvorbereitung. Diese hat dafür zu sorgen, daß mit dem Eintreffen des Rohwerkstoffes in der Werkstatt alles Erforderliche zur rationellen Bearbeitung bereitliegt, wozu in erster Linie die Vorrichtungen gehören. Diese werden also nicht erst auf Wunsch oder Anregung der Werkstatt angefertigt, sondern auf Grund sorgfältig bis ins kleinste ausgedachter Arbeitspläne. Diese Pläne müssen von den besten zur Verfügung stehenden Fabrikationsfachleuten, von Männern mit praktischem Blick und Sinn und konstruktiver und schöpferischer Begabung aufgestellt werden, die alle Fabrikationsmöglichkeiten beherrschen und neue ersinnen und auch die Vorrichtungen grundsätzlich festlegen können. Auch müssen sie in der Lage sein, etwa erforderliche lohn- und vorrichtungsparende Änderungen am Werkstück in verständlicher Form vorzuschlagen und mit aller Energie durchzudrücken. Erst wenn diese Vorbedingungen von den ausführenden Personen erfüllt werden, kann mit einer erfolgreichen Arbeitsvorbereitung gerechnet werden.

8. Arbeitsplan. Der Arbeitsplan legt die Reihenfolge der einzelnen Arbeitsstufen nebst den dazu erforderlichen Vorrichtungen und Art und Klasse der Maschinen fest. Zu einem bestimmten Arbeitsplan gehört also auch eine Reihe ganz bestimmter Vorrichtungen. Wird der Plan geändert, so ergeben sich meistens auch Vorrichtungsänderungen, wenn nicht ganz neue Vorrichtungen. Einmal im Arbeitsplan gemachte Fehler lassen sich also später nur unter erheblichen Kosten beseitigen. Es ist deshalb außerordentlich wichtig, daß der Arbeitsplan zuerst reiflich überlegt, dann aber endgültig festgelegt wird.

Nachfolgend ist ein Vordruck für einen Arbeitsplan wiedergegeben und als Arbeitsbeispiel ein Motorkolben gewählt, der in zahlreichen Arbeitsstufen hergestellt werden muß.

9. Richtlinien für die Unterteilung der Bearbeitung in einzelne Arbeitsstufen. Die Bearbeitung eines Werkstückes kann weder willkürlich noch auf Grund einer generellen Regelung unterteilt werden. Man muß vielmehr die jeweiligen besonderen Umstände berücksichtigen. Eine große Rolle spielt der erforderliche Genauigkeitsgrad. Der in dem vorgedruckten Arbeitsplan in 10 Arbeitsstufen herzustellende Kolben läßt sich zweifellos in viel weniger Arbeitsstufen fertigstellen. Die erforderliche hohe Genauigkeit macht aber eine derart weitgehende Unterteilung zur Bedingung, woran auch die modernste Bearbeitungsmaschine nichts ändern kann. Es kann aber auch der umgekehrte Fall eintreten, daß man an einem anderen Werkstück aus demselben Grunde die Unterteilung beschränken muß. Es kommt dabei auf Art und Form des Werkstückes an.

Eine bestimmtere Rolle beim Unterteilen spielt das Gewicht. Während bei kleineren Werkstücken, z. B. Autokolben, eine weitgehende Unterteilung die Fabrikation durchaus nicht verteuert, so tritt das sehr wohl bei schwereren Stücken ein, denn das Auf- und Abspannen erfordert hier wesentlich mehr Kraft- und Zeitaufwand. Es ist bei solchen Teilen daher auch meistens richtig, wenn das Unterteilen nach Möglichkeit beschränkt wird. Die modernen schweren Revolverbänke tragen diesem Umstande auch in weitestgehendem Maße Rechnung.

Endlich muß auch auf die zur Verfügung stehenden Maschinen Rücksicht genommen werden. Sie sind, wenn sie nicht zur freien Auswahl stehen, letzten Endes maßgebend.

Während das bisher Gesagte ganz allgemein aufzufassen ist, betrifft Nachfolgendes besonders die Bohrarbeiten: Im Interesse der Austauschfähigkeit wird man bemüht sein, sämtliche Bohrlöcher an einem Werkstück in einer Aufspannung

Firma D. A. W.	Arbeitsplan Nr. 195 für Motorkolben aus G. E.		Zeichnung	Gruppe	42
				Nr.	108
Bem.	Zeit durch Zeitaufnahme nachprüfen. Vor Arbeitsstufe 2 Kolben abkühlen lassen		Aufgestellt	am	28. 8. 27
				von	Müller

Stufe Nr.	Skizze	Art der Bearbeitung	Vorrichtung	Werkzeug	Meßgerät	Art u. Klasse der Maschine	Ausgabe Fach	Zeit in min.
1	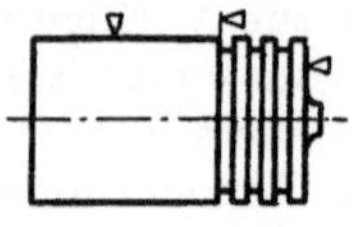	Kolbendurchmesser, Boden und Rillen vordrehen	Spannvorrichtung K. S. 108	Kombin. Rillen tahl K. W. 63 norm. Stähle W. 3 u. 15	Normale Rachenlehre Sonderlehre K. L. 110	Revolverbank R. III	950	
2	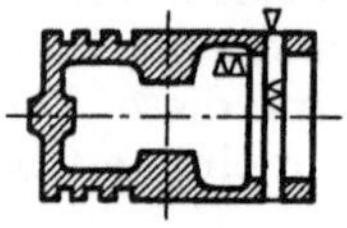	Abstechen und Öffnung ausbohren	Spannvorrichtung K. S. 109	Normale Stähle W. 30 u. 35	Normaler Lehrdorn Sonderlehre K. L. 111	Revolverbank R. III	90	
3	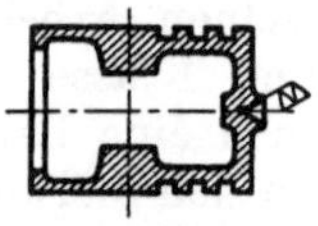	Zentrierkörner anbohren	Spannvorrichtung K. S. 109	Normaler Anbohrer Nr. 1		Revolverbank R. I	110	
4	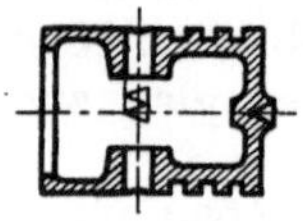	Bolzenloch bohren	Bohrvorrichtung K. B. 120	Norm. Bohrer, Zapfenbohrer K. W. 64 Stufenreibahle K.W. 65	Normale Lehrdorne	Bohrmaschine B. 10	113	
5	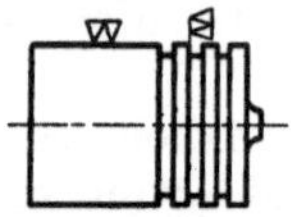	Kolbendurchmesser und Rillen fertig drehen	Spannvorrichtung K. S. 110	Kombin. Rillenstahl K. W. 66	Normale Rachenlehre Sonderlehre K. L. 112	Spitzendrehbank L. VI	129	
6	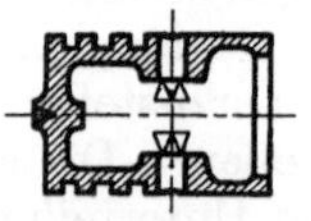	Kolbenbolzenaugen stirnfräsen	Arbeitsvorrichtung K. A. 155 Spannvorrichtung K. S. 111	Sonderfräser K. W. 67	Sonderlehre K. L. 113	Fräsmaschine F. II	205	
7	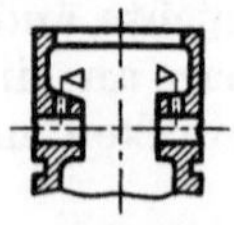	Befestigungslöcher für Kolbenbolzen bohren	Bohrvorrichtung K. B. 121 Zweispindelbohrk. K. A. 156	Spiralbohrer	Normaler Lehrdorn	Schnellbohrmaschine B. III	91	
8	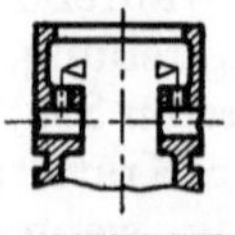	In diese Löcher Gewinde schneiden	Spannvorrichtung K. S. 112	Normaler Gewindebohrer M. 8	Normaler Gewindekaliberdorn	Bohrmaschine B. V	115	
9	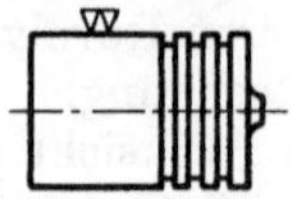	Kolben schleifen	Spannvorrichtung K. S. 113		Normale Rachenlehre	Rundschleifmaschine S. I	130	
10	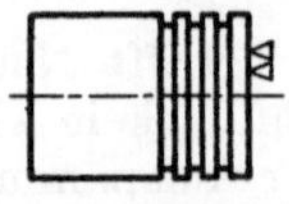	Zentrierstutzen abdrehen und Bodenfläche schlichten	Spannvorrichtung K. S. 114	Normaler Stahl W. 25 u. W. 60	Sonderlehre K. L. 114	Drehbank D. V	112	

zu bohren. Bei größeren Werkstücken wird das auch aus den bereits erwähnten Gründen in jeder Hinsicht am zweckmäßigsten sein, und man wird auch bisweilen recht komplizierte Vorrichtungen dabei in Kauf nehmen.

Bei kleineren Werkstücken wird eine Unterteilung manchmal jedoch aus verschiedenen Gründen nicht zu umgehen sein. Eine Unterteilung wird dann erforderlich, wenn die einzelnen Lochdurchmesser erhebliche Unterschiede aufweisen, daß es zweckmäßiger erscheint, verschieden starke Bohrmaschinen zu verwenden. Ferner können auch Vorrichtungskosten und Konstruktionsverhältnisse für die Unterteilung bestimmend sein, denn es kann häufig eine sehr komplizierte und teure Gesamtvorrichtung durch mehrere recht einfache und billige Einzelvorrichtungen ersetzt werden. Endlich ist auch eine Unterteilung in Erwägung zu ziehen, wenn die laufenden Stückzahlen so groß sind, daß sie in einer Vorrichtung nicht zu bewältigen sind. Es sprechen dann aber noch weitere Umstände mit, so die Art der zur Verfügung stehenden Maschinen. Werden die Einzelvorrichtungen zusammen aber teurer als die Gesamtvorrichtungen und es spricht nichts weiter für eine Unterteilung, so sind natürlich mehrere Parallelvorrichtungen anzufertigen.

IV. Einteilung der Vorrichtungen.

Eine sachgemäße Einteilung und einheitliche Benennung der Vorrichtungen ist eine zeitgemäße Forderung, nicht allein wegen einer besseren literarischen Übersicht, sondern auch für die Praxis in Bureau und Betrieb. Viele Fehler können bei Neukonstruktionen vermieden und die Konstruktionen selbst auch bedeutend erleichtert und beschleunigt werden, wenn es jederzeit möglich ist, alles bisher in einschlägiger Richtung Geschaffene schnell überprüfen zu können. In einem großen Betriebe ist das aber nicht möglich, wenn die Vorrichtungen nicht in bestimmte Gruppen eingeteilt und diese einheitlich benannt und entsprechend einregistriert worden sind. Auch für den Betrieb ist es sehr wichtig, wenn bei Vorschlägen und Besprechungen die Vorrichtungen gleich richtig benannt werden können, wodurch Mißverständnisse und Rückfragen vermieden werden.

Die nach nebenstehendem Plan teilweise bis zur vierten Stufe vorgenommene Einteilung ist im nachfolgenden sachgemäß begründet und dürfte im allgemeinen genügen. In besonderen Fällen wird durch die Art der Fabrikation eine weitergehende Unterteilung erforderlich werden.

A. Haupteinteilung.

10. Einteilung nach Verwendungsmöglichkeit. Alle Arten der Vorrichtungen können nach der Verwendungsmöglichkeit in folgende zwei Hauptgruppen eingeteilt werden.

a) **Gemeinvorrichtungen.** Hiermit werden alle Vorrichtungen benannt, die gemeinsam für viele Arbeiten einschlägiger Richtung verwendet werden können. Da sie meistens handelsüblich bezogen werden können, so hat der Vorrichtungsbau weniger mit ihnen zu tun, und daher werden sie in diesem Teil der Arbeit auch nicht weiter unterteilt und behandelt werden.

b) **Sondervorrichtungen.** Unter diese Gruppe fallen alle Vorrichtungen, die für ganz bestimmte Sonderzwecke angefertigt werden und in der Regel anderweitig auch für ähnliche Arbeiten nicht benutzt werden können.

11. Einteilung nach Verwendungsart. Nach der Verwendungsart können folgende drei Hauptgruppen unterschieden und eindeutig benannt werden.

a) **Reine Spannvorrichtungen.** Unter diese Bezeichnung fallen alle Vorrichtungen, die ausschließlich nur zum Festspannen der Werkstücke auf der

Einteilungsplan der Sondervorrichtungen.

Reine Spannvorrichtungen.

1	Für Rundbearbeitung				Für Langbearbeitung					
2	Für Einzelrundbearbeitung			Für Reihenrundbearbeitg.	Für Einzellangbearbeitung			Für Mehrfachlangbearbeitg.	Für Reihenlangbearbeitung	
3	Spitzenvorrichtungen	Fliegende Vorrichtungen			Feststehende Vorrichtungen	Schwenkbare Vorrichtungen	Schwenkb. Mehrspannvorrichtgn.		Mit Blockspannung	Mit unabhängiger Spannung
4		Nicht schwenkb. Vorrichtgn.	Schwenkbare Vorrichtungen							
5										

Bohrspannvorrichtungen.

1	Bohrlehren		Standbohrvorrichtungen		Kippbohrvorrichtgn.	Mehrfachbohrvorrichtgn.	Schwenkbohrvorrichtungen	
2	Formlehren	Ring- od. Zentrierlehren	Mit fester Bohrplatte	Mit beweglicher Bohrplatte			Mit einer Schwenkachse	Mit zwei sich kreuzenden Schwenkachs.
3								

Arbeitsvorrichtungen.

1	Werkzeugsteuernde		Werkstücksteuernde		Werkzeugtragende		Werkstücktragende	
2	Kopiervorrichtgn.	Lenkvorrichtgn.	Kopiervorrichtgn.	Lenkvorrichtgn.	für stillstehende Werkzeuge	für rotierende Werkzeuge	Transportvorrichtgn.	Montagevorrichtgn.
3								

Maschine während der Bearbeitung dienen. Es ist dabei gleichgültig, zu welcher Art von Maschine oder Bearbeitungsart sie benötigt werden. Der Einfachheit halber wird späterhin jedoch nur von Spannvorrichtungen die Rede sein.

b) **Bohrspannvorrichtungen.** Die Bohrspannvorrichtungen sind hauptsächlich auch Spannvorrichtungen, jedoch mit einer Zusatzfunktion, der zwangläufigen Führung der Bohrwerkzeuge. Da sie meistens auf der Bohrmaschine verwendet werden und ihr eigentlicher Hauptzweck darin liegt, den Bohrvorgang zu erleichtern und zu beschleunigen, so werden sie in der Regel kurz Bohrvorrichtungen genannt. Da jedoch in Unterarten der nächsten Hauptgruppe Vorrichtungen vorkommen, die nur zum Bohren dienen, die aber mit Spannen nichts zu tun haben, so muß an der Bezeichnung Bohrspannvorrichtung festgehalten werden.

c) **Arbeitsvorrichtungen.** Diese Vorrichtungen sind außerordentlich vielseitig, trotzdem sind sie als Hauptgruppe eindeutig bezeichnet, denn sie dienen lediglich dazu, die Werkstücke zu formen und zu hantieren, und haben mit den Funktionen der vorerwähnten Hauptgruppen nichts zu tun.

B. Unterteilung der reinen Spannvorrichtungen.

12. Erste Einteilungsstufe. Die Spannvorrichtungen werden im allgemeinen auch Dreh-, Schleif-, Fräs-, Hobel-, Stoßvorrichtungen usw. benannt. Auch wird in der Fachliteratur meistens auf diese Bezeichnung zurückgegriffen, und in diesem

Sinne werden sie auch oft eingeteilt. Es ist aber nur teilweise berechtigt, die Vorrichtungen so zu benennen, sie aber auch so einzuteilen ist falsch; denn eine bestimmte Spannvorrichtung ist nicht an eine bestimmte Art von Maschine gebunden. Es ist z. B. möglich, eine Rund-,,Fräsvorrichtung" ohne weiteres auch auf der Drehbank oder einer Hobel- oder Schleifmaschine zu verwenden. Demnach kann also eine Fräsvorrrichtung auch eine Dreh- oder Hobelvorrichtung usw. sein.

Die Spannvorrichtungen können nur mit Bezug auf zwei Grundarten der Bearbeitung eingeteilt werden, die bestimmend sind für eine besondere charakteristische Form und sonstige Eigenheiten. Daraus lassen sich folgende zwei Unterarten unterscheiden:

a) **Spannvorrichtungen für Rundbearbeitung.** Diese Vorrichtungen werden für alle Bearbeitungsarten benötigt, die durch eine runde (kreisende) und stetige Bewegung des Werkstückes erzeugt werden. Man könnte sie auch Spannvorrichtungen für stetige Bearbeitung nennen. Die Maschinenart spielt dabei keine Rolle, denn man kann z. B. eine Vorrichtung zum Drehen auf der Drehbank auch ohne weiteres zum Fräsen auf

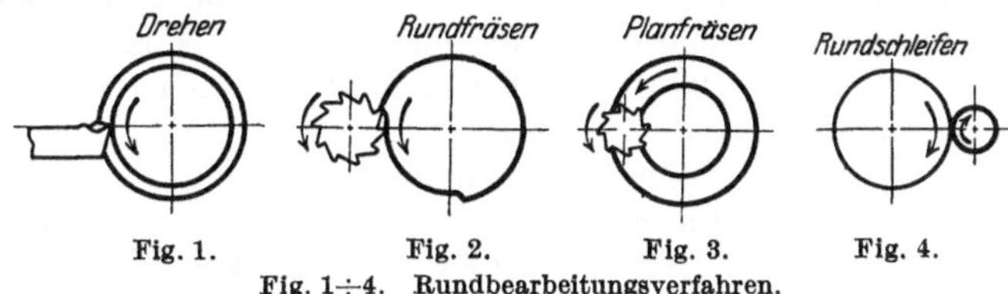

Fig. 1.   Fig. 2.   Fig. 3.   Fig. 4.

Fig. 1÷4.   Rundbearbeitungsverfahren.

einer Fräsmaschine mit Rundtisch verwenden. In Fig. 1÷4 sind vier verschiedene Rundbearbeitungsverfahren, für die obige Vorrichtungen in Frage kommen, schematisch dargestellt.

b) **Spannvorrichtungen für Langbearbeitung.** Hierzu gehören alle Spannvorrichtungen, die zum Langbearbeitungsverfahren benötigt werden, das durch eine hin und her gehende geradlinige Langbewegung der Werkstücke oder Werkzeuge erzielt wird. Es ist auch hierbei gleichgültig, welche Art der Maschine dabei verwendet wird. So kann, um einen besonderen Fall herauszugreifen, eine Spannvorrichtung zum Stoßen einer Nut ebenso

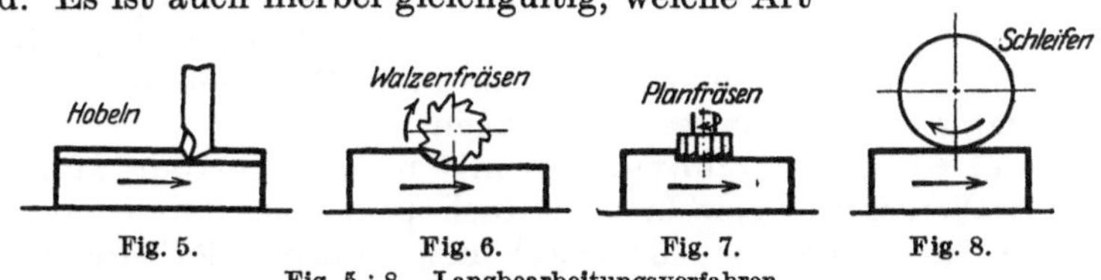

Fig. 5.   Fig. 6.   Fig. 7.   Fig. 8.

Fig. 5÷8.   Langbearbeitungsverfahren.

wie auf der Stoß- und Hobelmaschine auch auf der Drehbank verwendet werden, wobei die Nut durch eine hin- und hergehende Bewegung des Längsschlittens hergestellt wird. Fig. 5÷8 sind vier verschiedene Langbearbeitungsverfahren.

13. Zweite Einteilungsstufe. Die Spannvorrichtungen für Rundbearbeitung werden in folgende zwei Unterarten eingeteilt:

a) **Spannvorrichtungen für Einzelrundbearbeitung.** Hierzu gehören die Vorrichtungen, mit denen hauptsächlich auf Drehbänken einzelne Teile rund bearbeitet werden.

b) **Spannvorrichtungen für Reihenrundbearbeitung.** Diese Vorrichtungen werden besonders auf Fräsmaschinen mit Rundtischen zum Aufspannen endloser Reihen von Werkstücken benötigt.

Bei den Spannvorrichtungen für Langbearbeitung kann man folgende drei Unterarten unterscheiden:

c) **Spannvorrichtungen für Einzellangbearbeitung.** Diese kommen meistens für Hobel- und Fräsmaschinen zum Spannen von sperrigen Werkstücken in Frage.

d) **Spannvorrichtungen für Mehrfachlangbearbeitung.** Sie werden zum Spannen mehrerer Werkstücke zwecks gleichzeitiger Bearbeitung besonders auf Fräsmaschinen verwendet.

e) **Spannvorrichtungen für Reihenlangbearbeitung.** Mit ihnen werden die Werkstücke in Reihen hintereinander, entsprechend der Maschinentischlänge hauptsächlich auf Fräs- und Hobelmaschinen gespannt.

14. Dritte Einteilungsstufe. Die Spannvorrichtungen für Einzelrundbearbeitung kann man weiter unterteilen in

a) **Spitzenvorrichtungen,** die auf allen Maschinen mit Körnerspitzen, wie Drehbänken und Rundschleifmaschinen, benötigt werden, und

b) **Fliegende Vorrichtungen.** Wird auf Drehbänken oder auch Rundschleifmaschinen ohne Hilfe von Körnerspitzen gearbeitet, indem das Werkstück starr mit der Maschinenspindel verbunden wird, so nennt man die Spann- und Bearbeitungsweise „fliegend". Dementsprechend können auch die dazu erforderlichen Spannvorrichtungen in obiger Weise benannt werden.

Die Spannvorrichtungen für Einzellangbearbeitung lassen sich in folgende drei Arten unterteilen:

c) **Feststehende Vorrichtungen.**

d) **Schwenkbare Vorrichtungen.** Sie werden dann benötigt, wenn an einem Werkstück mehrere Stellen in einer Aufspannung bearbeitet werden sollen. Die hauptsächlichsten Bearbeitungsmaschinen dafür sind Kurzhobel- und Fräsmaschinen.

e) **Schwenkbare Mehrspannvorrichtungen.** Diese Vorrichtungen nehmen zwei oder mehr Werkstücke zu dem Zweck auf, damit sie durch Schwenken um eine gemeinsame Achse abwechselnd in Arbeitsstellung gebracht werden können, wodurch die Spannzeiten verkürzt werden können.

Bei den Spannvorrichtungen für Reihenlangbearbeitung wären folgende drei Arten zu unterscheiden:

f) **Spannvorrichtungen mit Blockspannung.** Die Werkstücke werden hierbei so aufgenommen, daß sie ohne Zwischenräume zu einem starren Block zusammengespannt werden können.

g) **Spannvorrichtungen mit unabhängiger Spannung.** Hierbei werden die Werkstücke einzeln oder auch paarweise durch eine entsprechende Anzahl von Spanneinheiten, die unabhängig voneinander arbeiten, aufgespannt.

15. Vierte Einteilungsstufe. Die Spannvorrichtungen für fliegende Einzelrundbearbeitung lassen sich noch einteilen in

a) **Nichtschwenkbare Vorrichtungen** und

b) **Schwenkbare Vorrichtungen.** Letztere gestatten es, mehrere Stellen an einem Werkstück in einer Aufspannung zu bearbeiten.

C. Unterteilung der Bohrspannvorrichtungen.

16. Erste Einteilungsstufe. Die Bohrspannvorrichtungen werden in der Regel sehr verschiedenartig benannt, wie Bohrlehren, Bohrkasten und Bohrvorrichtungen. Mit diesen verschiedenen Bezeichnungen werden meistens jedoch nicht besondere Arten gemeint, sondern jeder wählt den Ausdruck, der ihm am geläufigsten ist.

Es lassen sich sich jedoch zunächst folgende fünf Unterarten bestimmen, die durch gewisse konstruktive Merkmale und Besonderheiten in der Wirkungsweise sofort als solche zu erkennen sind.

a) **Bohrlehren.** Bohrlehren nennt man die einfachsten Bohrspannvorrichtungen, die meistens kein eigenes Spannelement besitzen und entweder am Werkstück oder mit diesem zusammen auf dem Maschinentisch befestigt werden. Die

Hauptbezeichnung Bohrspannvorrichtung ist im vollen Sinne des Wortes daher auch nicht ganz richtig, sofern das Spannelement daran in der sonst üblichen festen Anordnung fehlt.

b) **Standbohrvorrichtungen.** Diese Vorrichtungen werden, wie schon aus der Bezeichnung hervorgeht, in der Regel fest auf dem Maschinentisch aufgespannt und bleiben somit als ein Teil der Maschine unveränderlich während des Betriebes stehen.

c) **Kippbohrvorrichtungen.** Im Gegensatz zu den vorgenannten werden die Kippvorrichtungen auf der Maschine nicht befestigt, denn sie müssen, um damit von verschiedenen Seiten bohren zu können, schnell auf dem Maschinentisch gekippt werden und auch darauf gleiten können. Wegen ihrer charakteristischen Kastenform werden sie auch Bohrkasten genannt.

d) **Mehrfachbohrvorrichtungen.** Sie bestehen aus zwei oder mehr gleichen Vorrichtungen von der Art der Standbohrvorrichtungen, die entweder durch Schwenken um eine gemeinsame Achse oder durch geradliniges Verschieben abwechselnd beschickt und in Arbeitsstellung gebracht werden können.

e) **Schwenkbohrvorrichtungen.** Sie sind meistens auch kastenförmig wie die Kippvorrichtungen, aber in besondere Böcke eingelagert, und können darin in verschiedenerlei Arbeitsstellungen geschwenkt werden. Die Richtung der Schwenkachsen kann dabei verschieden sein.

17. Zweite Einteilungsstufe. Die Bohrlehren lassen sich wegen ihrer unterschiedlichen Form wie folgt unterteilen:

a) **Formlehren.** Diesen gibt man die äußere Form des Werkstückes, damit sie daran ausgerichtet werden können.

b) **Ring- oder Zentrierlehren.** Diese Bohrlehren haben in der Regel eine Ringform oder nur Zentrieransätze, oder Bohrungen, um am Werkstück zentriert werden zu können.

Bei den Standbohrvorrichtungen lassen sich unterscheiden:

c) **Vorrichtungen mit fester Bohrplatte.** Hierbei ist ein wichtiges Element, die Bohrplatte fest und unveränderlich angeordnet.

d) **Vorrichtungen mit beweglicher Bohrplatte.** Im Gegensatz zu obigen Vorrichtungen wird die Bohrplatte hierbei aus verschiedenerlei Gründen beweglich angeordnet.

Die Schwenkvorrichtungen können unterteilt werden in

e) **Bohrvorrichtungen mit einer Schwenkachse** und

f) **Bohrvorrichtungen mit zwei sich kreuzenden Schwenkachsen.**

D. Unterteilung der Arbeitsvorrichtungen.

18. Erste Einteilungsstufe. Diese Vorrichtungen stehen in verschiedenartigem Verhältns zum Werkzeug, Werkstück und zur Arbeitsmaschine und können in diesem Sinne in folgende vier Unterarten gegliedert werden:

a) **Werkzeugsteuernde Vorrichtungen.** Diese stehen mit dem Werkzeug mittel- oder unmittelbar in Verbindung und steuern dieses während des Betriebes zwangläufig.

b) **Werkstücksteuernde Vorrichtungen.** In demselben Verhältnis, wie die vorbenannten Vorrichtungen zum Werkzeug stehen, stehen diese zum Werkstück und steuern dieses in der Weise, daß durch das angreifende Werkzeug eine bestimmte Form entsteht.

c) **Werkzeugtragende Vorrichtungen.** Hiermit werden die Werkzeuge nur in einer bestimmten Lage zur Maschine gehalten, ohne sie zu steuern. Man könnte sie auch kurz Werkzeugträger nennen.

d) **Werkstücktragende Vorrichtungen.** Diese Vorrichtungen sind sehr vielseitig, so daß sie schwer kurz zu umreißen sind. Obige Bezeichnung darf auch nicht allzu wörtlich aufgefaßt werden. Bei Besprechung der einzelnen Unterarten wird näher darauf eingegangen werden.

19. Zweite Einteilungsstufe. Sowohl die werkzeug-, als auch die werkstücksteuernden Vorrichtungen können nach der Art des Steuerns in zwei Unterarten eingeteilt werden:

a) **Kopiervorrichtungen.** Hierbei wird mittels fester und unveränderlicher Schablonen gesteuert, die der herzustellenden Form nachgebildet sind. Man kann sie auf allen Arten von Maschinen verwenden, besonders auf Drehbänken und Fräsmaschinen.

b) **Lenkvorrichtungen.** Diese Vorrichtungen haben mehr kinematischen Charakter, und es wird hierbei im Gegensatz zu obigen Vorrichtungen durch bewegliche Lenkhebel gesteuert. Sie kommen hauptsächlich für Drehbänke zum Drehen bestimmter Radien in Frage.

Die werkzeugtragenden Vorrichtungen können nach der Art der Werkzeuge in zwei Stufen eingeteilt werden.

c) **Vorrichtungen für stillstehende Werkzeuge.** Hierunter sind hauptsächlich die Vielstahlhalter zu verstehen.

d) **Vorrichtungen für umlaufende Werkzeuge.** Hierzu gehören die Vielspindel-Bohr- und Fräsköpfe und natürlich auch alle sonstigen Bohr- und Fräsvorrichtungen, die nur dazu dienen, Bohr- und Fräswerkzeuge in besonderer Weise anzuordnen, um bestimmte Arbeiten überhaupt ausführen zu können.

Die werkstücktragenden Vorrichtungen können nach dem Verwendungszweck in folgende zwei Unterarten eingeteilt werden:

e) **Transportvorrichtungen.** Dazu gehören alle Vorrichtungen zum Zu- und Abtransportieren der Werkstücke an den Bearbeitungsmaschinen, ferner alle Hilfsmittel, die das Ein- und Ausspannen erleichtern, ohne mit dem Spannen selbst etwas zu tun zu haben, z. B. Greif- und Abfangevorrichtungen und solche, die das Anheben schwerer Werkstücke erleichtern.

f) **Montagevorrichtungen.** Hierzu gehören alle Vorrichtungen, die zum Zusammenfügen einzelner Maschinenteile durch Schrauben, Nieten, Schweißen oder Schrumpfen und sonstige Verbindungsarten benötigt werden. Das hauptsächlichste Verwendungsgebiet ist daher die Montagewerkstatt.

V. Funktionen und Elemente der Vorrichtungen.

Die Vorrichtungen haben verschiedenerlei Funktionen auszuüben, für die zahlreiche Elemente benötigt werden, die in Art und Form sehr voneinander abweichen. Im nachfolgenden sollen an Hand erprobter und bewährter Konstruktionsbeispiele von Einzelteilen und von Verbindungen solcher, die einzelnen Funktionen, hauptsächlich die der Spannvorrichtungen, in ihren mannigfachen Abweichungen erläutert werden. Die Grenzen der einzelnen Funktionen können dabei jedoch nicht immer scharf eingehalten werden, sondern sie verwischen sich verschiedentlich derart, daß eine in der anderen aufgeht.

Die meisten der nachfolgend gezeigten Mittel werden im zweiten Teil dieser Arbeit bei den dort wiedergegebenen Vorrichtungsbeispielen in praktischer Anwendung erscheinen.

A. Spannen.

Spannen ist eine Hauptfunktion aller Arten von Spannvorrichtungen und bedeutet in deren Sinn, durch Hand- oder Maschinenkraft und geeignete Mittel

Werkstück mit Vorrichtung oder Maschine fest und starr zu verbinden. Da das aus wirtschaftlichen Gründen äußerst schnell erfolgen muß, so kommt es darauf an, die Spannmittel in jedem Einzelfall richtig auszuwählen und anzuordnen, anstatt eine bestimmte Art generell zu bevorzugen. Ein an und für sich vorzügliches Spannmittel kann, an verkehrter Stelle angewendet, durchaus unzureichend sein und eine unbrauchbare Fehlkonstruktion ergeben. Auch die Zahl der an einer Vorrichtung angewendeten Mittel ist von wesentlicher Bedeutung. Je weniger davon an einer Vorrichtung vorgesehen werden, um so schneller und einfacher kann diese bedient werden und um so weniger Fehler können sich bei der Wirkungsweise einschleichen.

20. Fehler beim Spannen. Verspannen nennt man die groben Fehler, die sehr häufig beim Spannen gemacht werden. Es bedeutet, daß die natürliche Form des Werkstückes in der Vorrichtung verzerrt und diese Form beim Bearbeiten beibehalten wird. Das Gefährliche dabei ist, daß diese Fehler immer erst dann bemerkt werden, wenn es zu spät ist, d. h. wenn das Werkstück fertig bearbeitet ist und, nach dem Abspannen in seine ursprüngliche Form zurückkehrend, den Arbeitsflächen eine andere Form gibt, als sie durch die Bearbeitung geschaffen wurde. Es zeigen sich dann unrunde und nichtparallele Löcher und windschiefe Flächen. Verspannt werden Werkstücke in der Regel dann, wenn sie wegen ungenügender oder falscher Unterstützung oder durch zu stark wirkende Spannmittel auf Biegung beansprucht werden. Auch stärkere Teile werden sich infolge ihrer Elastizität mehr oder weniger unter diesen Umständen durchbiegen, besonders wenn der Spanndruck in unkontrollierbarer Weise von Hand ausgeübt wird. Dieser Umstand ist also noch eine besondere Verspannungsursache, die allgemein zu wenig beachtet wird. Ein großer Vorteil liegt daher bei den durch Maschinenkraft betätigten Spannmitteln, die unter annähernd gleichem Druck arbeiten. Sie sind besonders dann anzuwenden, wenn in Ausnahmefällen auf nicht unterstützte Stellen, z. B. auf die Wand eines Hohlkörpers, gespannt werden muß. Auch Federspannungen sind dafür sehr gut anwendbar.

Weitere Fehler beim Spannen werden im dritten Teil, in dem Kapitel „Das Arbeiten mit den Vorrichtungen" besonders eingehend behandelt werden.

21. Spannen mittels Schrauben. Das gebräuchlichste und eines der billigsten Spannmittel ist die Schraube, mit der auf mannigfachste Art schnell und sicher der gewünschte Zweck erreicht werden kann, wenn der Konstrukteur es versteht, sie für jeden Einzelfall am günstigsten auszubilden und anzuordnen. Es ist daher auch nicht unbedingt erforderlich, für sogenannte Schnellspannvorrichtungen andere, weniger einfache Spannmittel anzuwenden.

Sehr oft werden Schrauben ungünstig und behelfsmäßig und in solcher Anzahl angeordnet, daß das Arbeiten mit solchen Vorrichtungen einer Geduldsprobe gleichkommt. Im zweiten Teil dieser Arbeit werden an einigen Beispielen diese groben Fehler erläutert werden. Es lassen sich fast in jedem Falle auch vielgestaltige Werkstücke nur durch eine richtig angeordnete Schraube fest und sicher spannen.

Ist das Werkstück in der Vorrichtung richtig aufgenommen, so bedarf es in der Regel auch nur eines mäßigen Spanndruckes. Die Spannschraube kann daher auch, falls ein größerer Hub für die Freigabe des Werkstückes benötigt wird, mit grobem Gewinde versehen werden, das in besonderen Fällen auch mehrgängig bis an die Grenze der Selbsthemmung ausgeführt werden kann, besonders dann, wenn die Schraube nicht ganz herumgedreht werden kann.

Spannschrauben dürfen nicht mit normalen Schrauben für gewöhnliche technische Zwecke, für Verbindungen von Maschinenteilen, verwechselt werden, die nur einer ruhenden Belastung ausgesetzt sind. Sie müssen daher stets kräftiger, als normalerweise nötig wäre, ausgeführt werden. Die Muttergewinde sind mindestens in $1^1/_2$facher Normallänge und, wenn angängig, in harter Bronze auszuführen; gußeiserne Muttergewinde sind für Dauervorrichtungen ganz zu vermeiden. Die Gewindebolzen sind immer aus bestem Maschinenstahl herzustellen und Druckspitzen und Schlüsselköpfe daran zu härten.

Spannschrauben sollen nach Möglichkeit mit Griffen oder Knebeln versehen werden, damit der bedienende Arbeiter nicht erst einen Schlüssel zur Hand nehmen muß. Bisweilen sind jedoch Schlüsselschrauben und Muttern nicht zu vermeiden. An kleinen Vorrichtungen wird man auch sogenannte Kordelschrauben verwenden können.

Im nachfolgenden werden Spannschrauben gewöhnlicher und besonderer Art gezeigt werden.

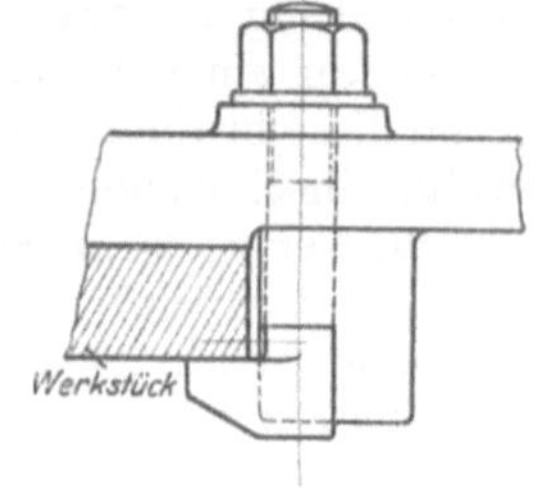

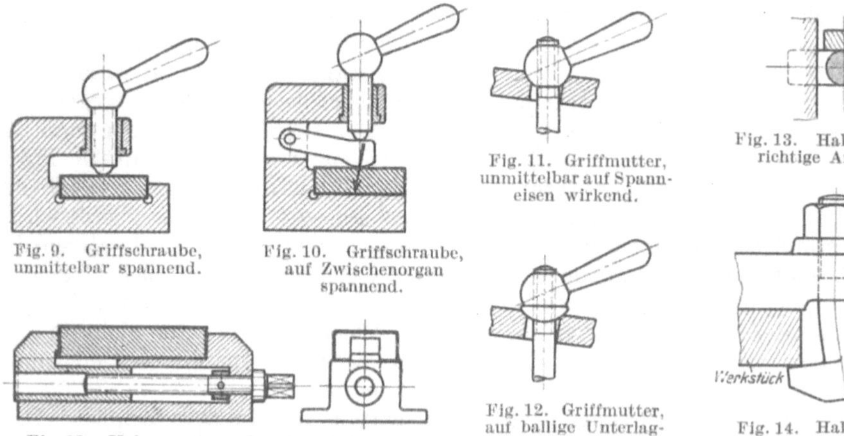

Fig. 9. Griffschraube, unmittelbar spannend.

Fig. 10. Griffschraube, auf Zwischenorgan spannend.

Fig. 11. Griffmutter, unmittelbar auf Spanneisen wirkend.

Fig. 13. Hakenschraube, richtige Anordnung.

Fig. 15. Hakenmutter, schraubstockähnlich.

Fig. 12. Griffmutter, auf ballige Unterlagscheibe wirkend.

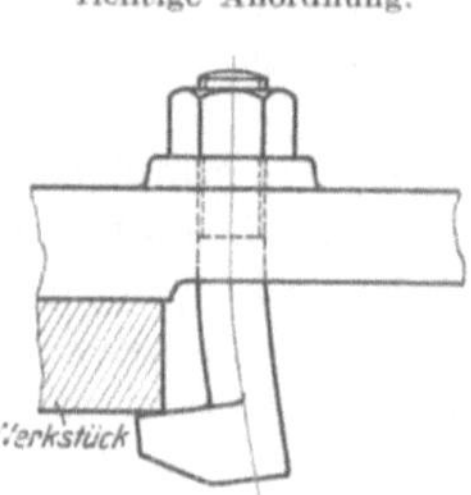

Fig. 14. Hakenschraube, falsche Anordnung.

Werden die allgemeinen Grundsätze bei der Konstruktion der Spannvorrichtungen beachtet, so wird sich nur in seltenen Fällen die Gelegenheit bieten, unmittelbar auf das Werkstück wirkende Schrauben anzuordnen. Zulässig ist es nur bei rohen Flächen und wenn das Werkstück nach allen Seiten gesichert ist, so daß es durch ein etwa auftretendes Moment an der Druckspitze der Schraube nicht aus seiner Normallage abgedrängt werden kann. Fig. 9[1] zeigt eine derartig angewendete Griffschraube.

Ein besonderes Zwischenglied ist wie in Fig. 10 dann anzuordnen, wenn das Werkstück nicht nach allen Seiten umgrenzt werden kann.

Fig. 11 und 12 zeigen zwei Griffmuttern mit geringer Abweichung unmittelbar bzw. durch ballige Zwischenscheibe auf Spanneisen wirkend.

In Fig. 13 ist die im Vorrichtungsbau häufig verwendete Hakenschraube in richtiger Form und Anordnung gezeigt. Oft wird sie aber, wie in Fig. 14, durchaus falsch angeordnet. Die Krümmung ist die natürliche Folge.

In der Wirkungsweise ähnlich sind die Hakenmuttern. Fig. 15 zeigt eine sachgemäße Anordnung an einer schraubstockähnlichen Spannvorrichtung. Sie lassen sich in dieser und ähnlicher Form in zahlreichen Fällen in vorzüglicher Weise verwenden.

---

[1] In diesen Figuren ist das Werkstück durch stärkere Linien hervorgehoben.

Fig. 16 zeigt eine Anordnung, bei der durch eine Griffmutter eine Schraubenspindel in zwei Richtungen bewegt werden kann. Das Auge dient zum Anlenken von Druckverteilern.

Fig. 17 gibt eine Konstruktion für den gleichen Zweck wieder. Die Mutter ist als Büchse im Vorrichtungsgehäuse eingelagert.

Fig. 18 zeigt eine Anordnung mit zwei Schraubenspindeln mit Rechts- und Linksgewinde.

Eine ähnliche Ausführungsform zeigt Fig. 19. Die Griffmutter a hat ein durchgehendes Vierkantloch, in dem die Vierkantköpfe gewöhnlicher Schrauben gleiten können. Die Muttern b und c sitzen am Vorrichtungsgehäuse fest.

In Fig. 20 werden durch eine Bügel- oder Gabelgriffmutter zwei am Drehen verhinderte Spannbolzen axial bewegt.

Fig. 21 zeigt eine Zwieselschraubenanordnung zum zentrischen Spannen.

Wie in Fig. 22 können Zwieselschrauben dann angeordnet werden, wenn ein größerer Hub bei begrenzter Griffbewegung benötigt wird.

Eine besondere Griffmutteranordnung zeigt Fig. 23.

Müssen bisweilen an einer Vorrichtung Spannschrauben beim Bedienen gänzlich entfernt werden, so kann man sogenannte Steckschrauben (Fig. 24) verwenden. Zum Spannen selbst steht nur eine Viertelumdrehung zur Verfügung, und es können daher nur Werkstücke gleicher Stärke gespannt werden. Die Schnittkanten der Gewindegänge müssen zugespitzt werden.

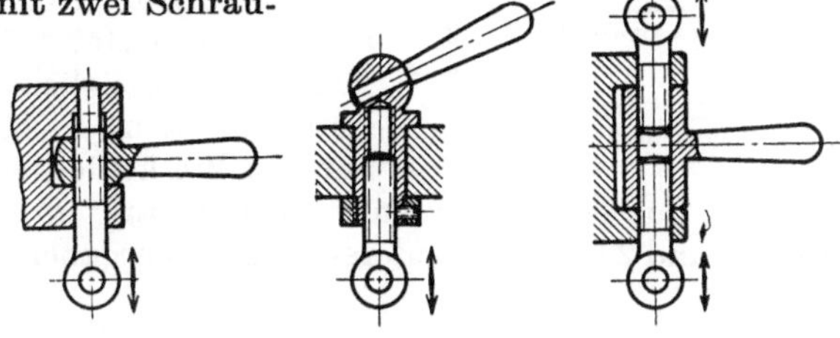

Fig. 16. Fig. 17.
Gelenkschrauben für zweifache Richtung.

Fig. 18. Doppelte Gelenkschraube.

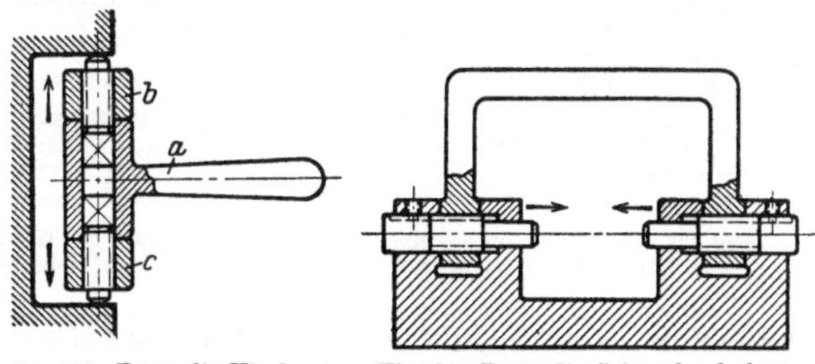

Fig. 19. Doppelte Vierkantschraubenanordnung.

Fig. 20. Doppelte Schraubenbolzenanordnung.

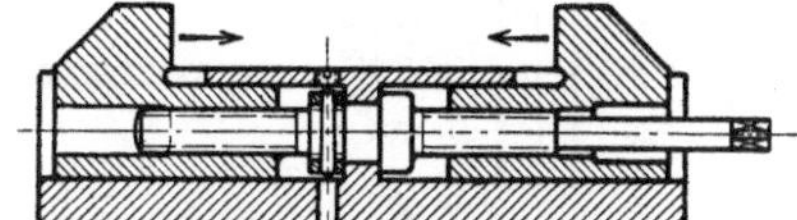

Fig. 21. Zwieselschraube mit zwei Hakenmuttern.

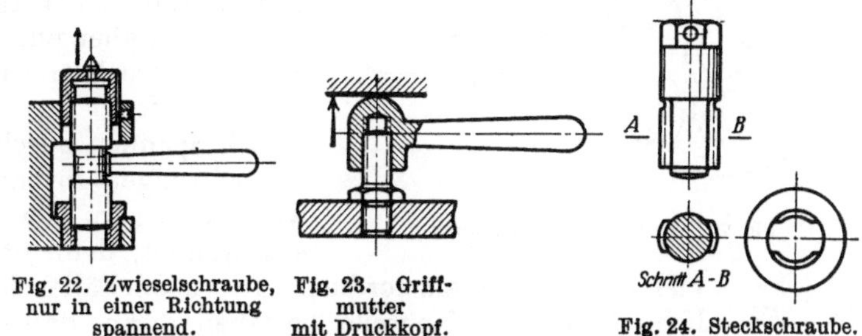

Fig. 22. Zwieselschraube, nur in einer Richtung spannend.

Fig. 23. Griffmutter mit Druckkopf.

Fig. 24. Steckschraube.

22. Spannen durch Exzenter und exzentrische Nuten. Trotzdem die Exzenterspannung vielfach empfohlen wird, so hat sie im Vorrichtungsbau doch nicht allzu große Bedeutung. Exzenter kommen zum Spannen immer erst in Frage, wenn sie sich besser als Schrauben anordnen lassen. Da sie nur bei geringer Hubhöhe in jeder Lage, sonst aber nur bei vollem Hub selbsthemmend sind, so eignen sie sich nur dort gut zum Spannen, wo entweder nur ein sehr geringer Hub benötigt wird oder wo die zu spannenden Werkstücke an der Spannstelle gleichhoch, also dort schon auf Maß bearbeitet sind. Müssen Exzenter aber bei ungünstigen

Bedingungen angeordnet werden, so muß unter Umständen die Selbsthemmungsgrenze überschritten und der Betätigungshebel in jeder Lage, etwa wie bei einem Bremshebel, durch Rasten und Klinke gesichert werden, besonders aber dann, wenn die Vorrichtung Erschütterungen ausgesetzt ist.

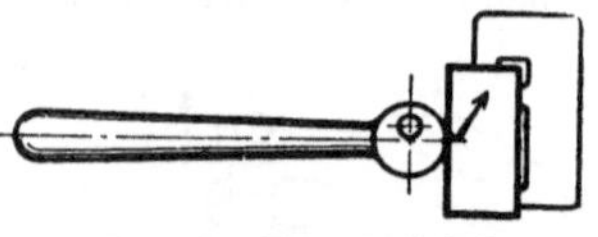
Fig. 25.   Exzenterhebel, unmittelbar spannend.

Für Einzelspannungen, die sich in schneller Reihenfolge wiederholen und bei denen das Betätigungsorgan dauernd von Hand festgehalten werden kann, ist das Exzenter vorzüglich geeignet. Hierbei wirkt das Exzenter meistens auch unmittelbar ohne Zwischenorgan auf das Werkstück ein (Fig. 25).

Sehr gut lassen sich auch mehrere auf einer Welle sitzende Exzenter, wie in Fig. 26 und 27, mit besonderen Zwischenorganen verwenden. Diese wirken in einem

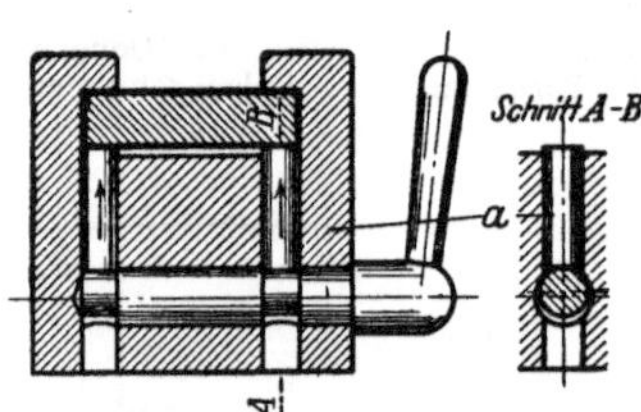
Fig. 26.   Doppelexzenterwelle, auf Druckorgane wirkend.

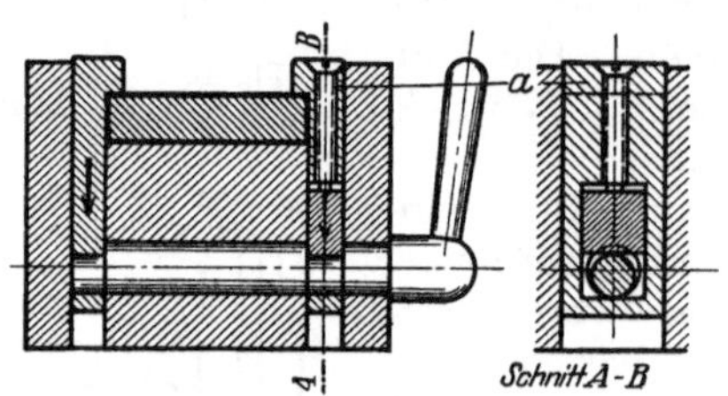
Fig. 27.   Doppelexzenterwelle, auf Zugorgane wirkend.

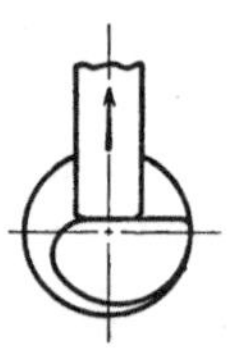
Fig. 28. Abgeflachtes Exzenter.

Falle durch Druck, im anderen durch Zug auf das Werkstück ein. Es können jedoch nur maßhaltige Werkstücke gespannt werden, da kein Ausgleich zwischen beiden Exzenterwirkungen stattfinden kann. Der Hub kann nötigenfalls durch eine Abflachung erhöht werden, ohne die Wirkung der Exzenter zu beeinflussen (Fig. 28).

Fig. 29 zeigt eine Konstruktion zum zentrischen Spannen durch drei exzentrische Nuten, die sehr genau und zuverlässig arbeitet, aber auch teuer herzustell n ist. Man wird daher nur in zwingenden Fällen, wenn andere Mittel nicht genügen, darauf zurückgreifen.

23. Spannen durch Keile. Für einfache Vorrichtungen für untergeordnete Zwecke wird sehr gern der Keil als Spannmittel angewendet, denn er ist sehr einfach, ohne

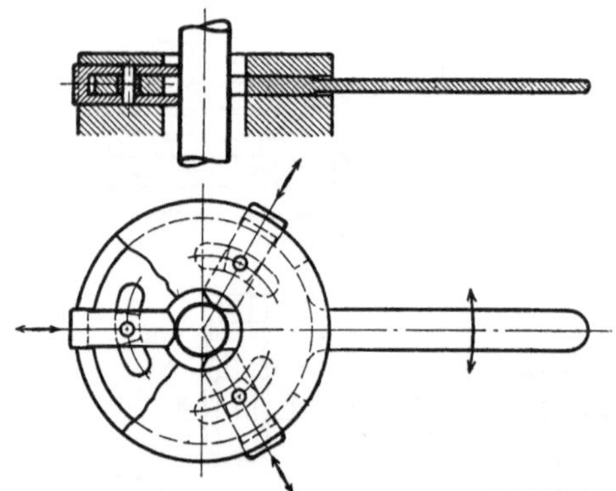
Fig. 29.   Exzenternutenspannung.

viel Überlegung anzuordnen. In vielen Fällen leistet er auch vorzügliche Dienste. Nachteile bestehen darin, daß er durch Schlag oder Schlagwerkzeug bedient werden muß. Denn es können durch zu schwere Schläge sehr leicht Vorrichtung und Werkstück verzerrt und beschädigt werden. Das Neigungsverhältnis ist daher an diesen Schlagkeilen nicht zu klein, sondern etwa 1 : 10 zu wählen.

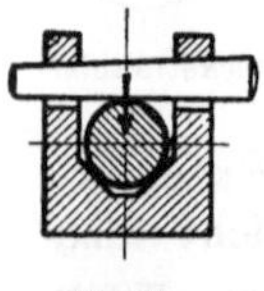

Fig. 30. Schlagkeilspannung.

In Fig. 30 ist ein einfaches Beispiel für die Anwendung des Schlagkeiles gezeigt.

An Präzisionsvorrichtungen, besonders solchen, die fest mit der Maschine verbunden sind, sollten Schlagkeile jedoch ganz vermieden werden, da durch die Schlagwirkung die Lage der Vorrichtung beeinflußt wird.

24. Spannen durch Keile und Schrauben. In Verbindung mit Schrauben kann man Keile auch sehr gut an genauen Vorrichtungen verwenden. Fig. 31 zeigt zunächst eine Konstruktion, bei der zwei Zwischenorgane gleichmäßig durch einen

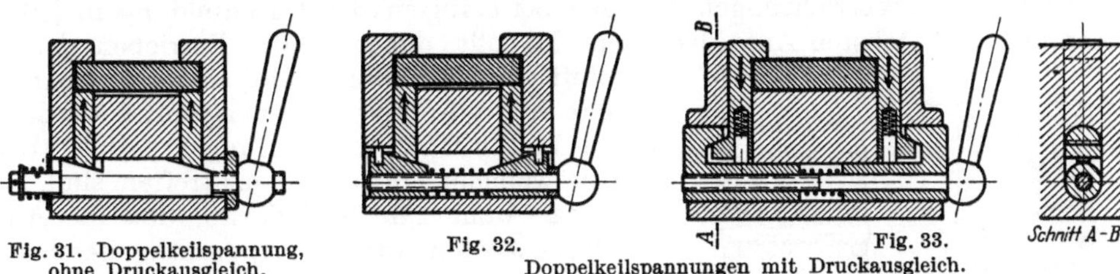

Fig. 31. Doppelkeilspannung, ohne Druckausgleich.

Fig. 32.

Fig. 33.

Doppelkeilspannungen mit Druckausgleich.

Doppelkeil angehoben und gegen ein maßhaltiges Werkstück gedrückt werden. In Fig. 32 und 33 ist dagegen ein Druckausgleich möglich, und es können daher auch rohe Werkstücke gespannt werden.

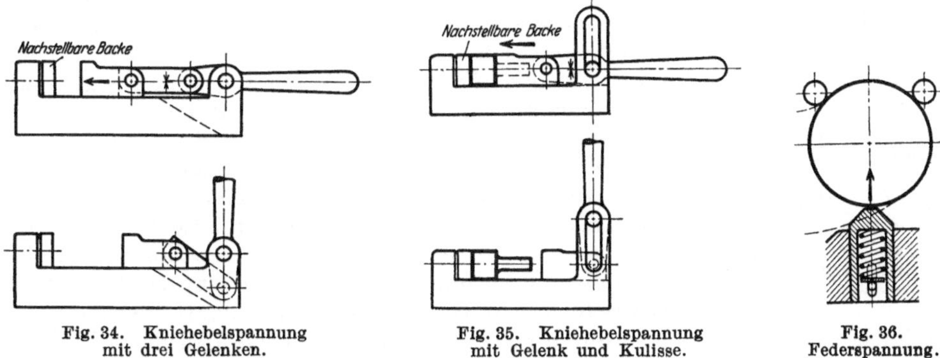

Fig. 34. Kniehebelspannung mit drei Gelenken.

Fig. 35. Kniehebelspannung mit Gelenk und Kulisse.

Fig. 36. Federspannung.

25. Spannen durch Kniehebel. Kniehebel eignen sich zum Spannen besonders gut, wenn die Vorrichtung zur Freigabe des Werkstückes sehr weit geöffnet werden muß. Bedingung ist jedoch, daß die Werkstücke unter sich keine nennenswerten Abweichungen an den Spannstellen aufweisen, denn der Spanndruck kann nur beim größten Hub selbsttätig gehemmt werden.

In Fig. 34 und 35 sind zwei Ausführungen gezeigt, die sich im wesentlichen durch die Anordnung der Hebel und die dadurch bedingten verschiedenen Baulängen unterscheiden. Zum Ausgleich des Verschleißes der hochbeanspruchten Gelenke müssen verstellbare Backen vorgesehen werden.

26. Spannen durch Federn. Kleinere Werkstücke können oftmals schon durch Federdruck genügend festgespannt werden. Dabei ist meistens ein Zwischenorgan erforderlich, wenn Schraubenfedern verwendet werden. Blattfedern kann man auch unmittelbar wirken lassen.

In Fig. 36 ist eine Federspannung gezeigt, wobei sich das Druckstück beim Einführen des Werkstückes selbsttätig öffnet. In Fig. 37 wird die Vorrichtung durch besonderen Handhebel geöffnet.

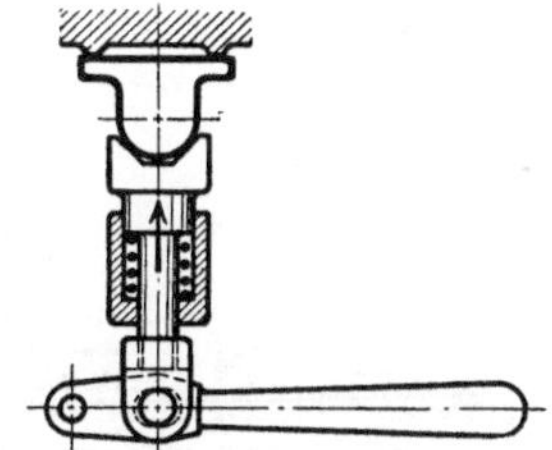

Fig. 37. Federspannung mit Entspannungshebel.

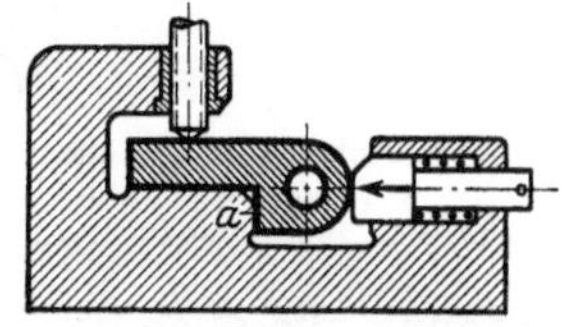

Fig. 38. Feder als Hilfsspannmittel.

Federn werden auch vielfach als selbsttätig wirkende Hilfsspannmittel verwendet, wobei der eigentliche Spanndruck von einem anderen Element ausgeübt wird (Fig. 38). Die Feder hat in diesem Falle nur dafür zu sorgen, daß das Werkstück bei *a* richtig anliegt.

27. Spannen durch Preßluft. Preßluft eignet sich zum Spannen ganz vorzüglich; die Preßluftspannvorrichtungen genügen bei sinngemäßer Durchbildung in jeder Beziehung den höchsten Anforderungen. Es sollte daher in allen Betrieben, denen Preßluft zur Verfügung steht, diese für Spannzwecke in weitestem Maße ausgenutzt werden. Wenn Preßluftspannvorrichtungen bisher aber nur in wenigen Betrieben anzutreffen sind, so liegt das wohl zum Teil daran, daß die Anschaffungskosten für die Apparatur gescheut werden. Sie werden aber meistens überschätzt; denn die Preßluft läßt sich vielfach durch ganz einfache Mittel verwenden. Oft ergeben sich sogar bedeutend einfachere Konstruktionsverhältnisse als bei Verwendung mechanischer

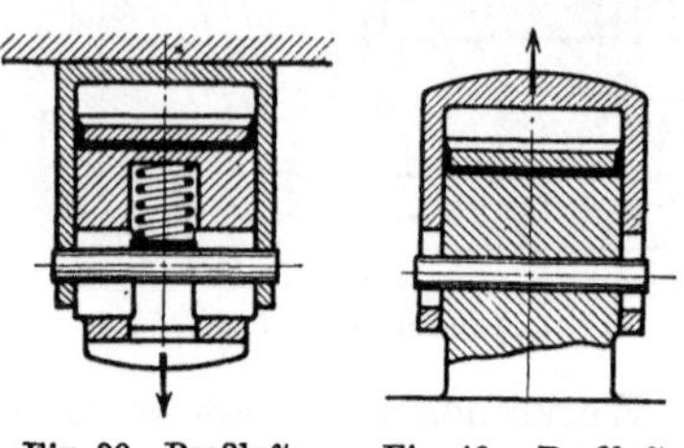

Fig. 39. Preßluftkolben durch Feder entspannend.

Fig. 40. Preßluftkolben durch Eigengewicht entspannend.

Spannmittel (s. 2. Teil, Vorrichtungsbeispiele). Besonders gut eignet sich die Preßluft für schwere Vorrichtungen, weil sich hier die günstigsten Verhältnisse für die Anordnung der Preßluftorgane ergeben, die mit der Gesamtkonstruktion gut aufgehen. Trotzdem gilt aber auch für die Preßluft das, was eingangs ganz allgemein über die Spannmittel gesagt wurde, und es wäre falsch, wenn die Preßluft in jedem Falle angewendet werden sol'te.

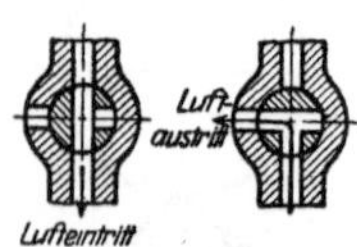

Fig. 41. Schema eines Dreiwegehahnes für Preßluftleitung.

Nutzbar wird die Preßluft durch Zylinder und Kolben gemacht, die am einfachsten und billigsten durch Ledermanschette abgedichtet werden. In der Regel läßt man den Kolben nur einfach, also in einer Richtung und unmittelbar auf das Werkstück oder ein Zwischenorgan wirken. Zurück wird der Kolben entweder durch das eigene Gewicht oder durch Federdruck bewegt. Je ein Beispiel dafür ist in Fig. 39 und 40 gezeigt. Die Zylinder müssen unbedingt vor dem Eindringen von Schmutz und Spänen geschützt werden. Ordnet man sie senkrecht an, so bringt man daher am zweckmäßigsten die Öffnung nach unten und erzielt damit ganz umsonst einen sicheren Schutz. Soll der Spanndruck nach oben ausgeübt werden, so stülpt man, wie in Fig. 40, den Zylinder über den fest angeordneten Kolben und läßt den Zylinder an Stelle des Kolbens wirken.

Die Preßluft wird durch einen Dreiwegehahn nach dem Schema Fig. 41 zugeführt.

An Drehbänken werden die Preßluftspanner meistens doppeltwirkend ausgeführt. Fig. 42 zeigt eine halbschematische An-

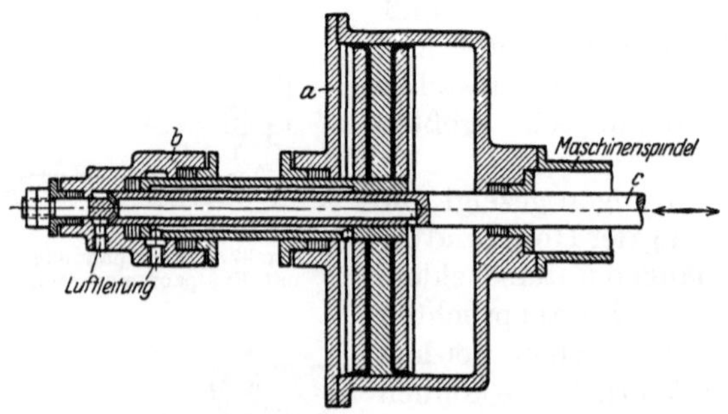

a = Umlaufender Zylinder. *b* = Feststehender Preßluftanschlußkörper. *c* = Kolbenstange.

Fig. 42. Preßluftspanner für Drehbänke (halbschematisch).

ordnung, die auch die Luftkanäle erkennen läßt. Durch eine Kolbenstange wird die Spannkraft durch die Drehbankhohlspindel auf die Zwischenspannorgane übertragen. Da sich die ganze Anordnung mit der Spindel mitdrehen muß, so wird der Luftleitungsanschluß dadurch etwas schwieriger.

28. Spannen durch atmosphärischen Luftdruck. Mit Vakuumspannern kann auch der atmosphärische Druck der Luft zum Spannen ausgenutzt werden. Sie

wirken in der Weise, daß Gummilufttaschen oder Näpfe, auf denen das glatte Werkstück aufliegt, luftleer gesaugt werden. Man wird diese Spanner dann anwenden, wenn alle anderen Mittel ver-
sagen. Beispielsweise kann man damit
an glatten Wänden oder Decken, die
keinerlei Möglichkeiten zum Ansetzen
mechanischer Spannmittel bieten, Montagevorrichtungen, Bohrwinkel u. dgl.
schnell und sicher befestigen. Sehr
gut zu verwenden ist dieses Spannmittel für dünne Plättchen aus Nicht-
eisenmetall, die in der sonst üblichen
Weise durch Elektromagnet nicht gespannt werden können. Fig. 43 zeigt
eine Anordnung für die Drehbank.

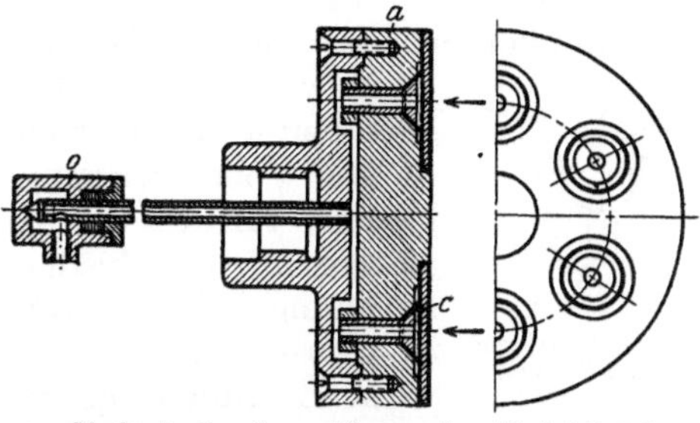

a = Umlaufender Spannkörper. b = Feststehender Saugluftanschlußkörper. c = Gummilufttaschen.
Fig. 43. Vakuumspanner für Rundbearbeitung.

29. Spannen durch Elektromagnet. Ein sehr wichtiges und viel angewandtes Spannmittel ist der Elektromagnet, dessen Wirkungsweise bekannt sein dürfte.

B. Zentrieren und Bestimmen.

30. Bedeutung. Je nach Art der Bearbeitung und nach Form und Beschaffenheit des Werkstückes selbst muß dieses beim Festspannen zentriert oder bestimmt oder auch beides werden, d. h., es muß selbsttätig zur Maschine oder zur Vorrichtung in eine genau vorgeschriebene Lage gebracht werden. „Zentrieren"
bedeutet hierbei, das ganze Werkstück oder besondere Stellen davon entweder mit Bezug auf nur die
eine Mittelebene a_1—a_2—a_3—a_4 (Fig. 44) oder auf die
zwei sich senkrecht schneidende Mittelebenen a_1—
a_2—a_3—a_4 und b_1—b_2—b_3—b_4 bzw. die dadurch gebildete Mittelachse d—d (Fig. 45) festlegen. In besonderen Fällen werden auch drei sich senkrecht
schneidende Mittelebenen, a_1—a_2—a_3—a_4,
b_1—b_2—b_3—b_4 und c_1—c_2—c_3—c_4 bzw. der dadurch gebildete Mittelpunkt e und die drei
Mittelachsen d_1, d_2 und d_3 (Fig. 46) festgelegt
werden müssen. Demnach kann man auch
von drei verschiedenen Abstufungen oder
Arten von Zentrierungen sprechen. Da man
in der Praxis besonders bei Dreharbeiten
dann von Zentrieren spricht, wenn man die
Mittelachse, mithin auch zwei sich
senkrecht schneidende Mittelebenen
festlegt, so soll diese Bezeichnung
dafür beibehalten werden. Halbzentrieren soll jedoch bedeuten, auf
eine, und Vollzentrieren auf alle
drei Mittelebenen bzw. den Mittelpunkt oder drei Mittelachsen Bezug nehmen. —
Halbzentriert wird z. B. ein Werkstück, wie in Fig. 47 durch ein Prisma, das
die Ebene a—a festlegt. Das genügt, wenn z. B. ein Loch, wie angedeutet, in
Richtung der Mittelebene gebohrt werden soll.

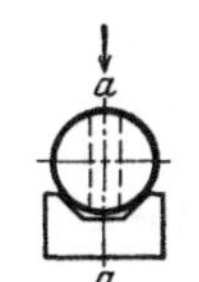

Fig. 47.
Halb-
zentrieren
durch
Prisma.

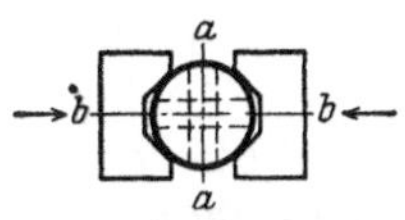

Fig. 48. Zentrieren
durch 2 Prismen.

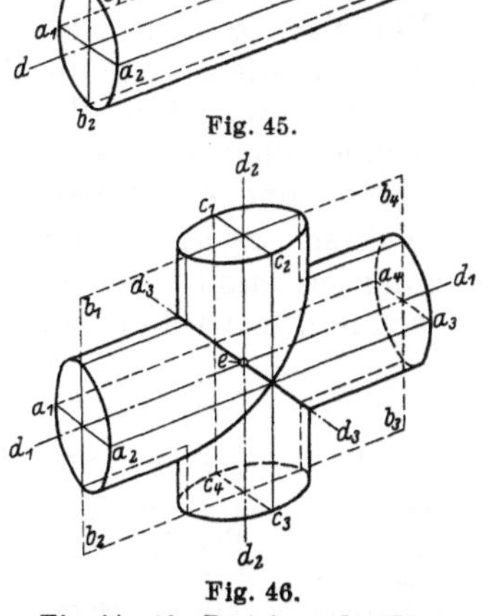

Fig. 44.

Fig. 45.

Fig. 46.

Fig. 44÷46. Zentrieren der Körper
mit 1, 2 und 3 Mittelebenen.

Zentriert kann ein Werkstück, wie in Fig. 48, durch zwei gegeneinanderwirkende Prismen oder durch drei Zentrierbacken, wie in Fig. 49, werden, wobei die Mittelebenen a—a und b—b festgelegt sind. Dieses gebräuchlichste Zentrierverfahren kommt hauptsächlich für die Einzelrundbearbeitung in Frage oder auch dann, wenn, wie in Fig. 48 angedeutet, radiale Löcher oder Nuten herzustellen sind.

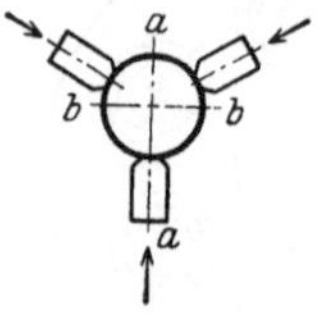

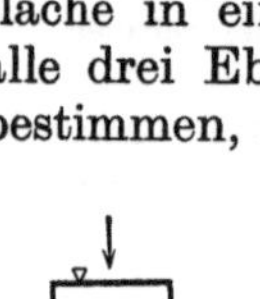

Fig. 49. Zentrieren durch 3 Backen.

Die Vollzentrierung ist in Fig. 50 an einer Kugel gezeigt, für die sie in Betracht kommt, wenn darin Löcher in verschiedenen Richtungen in einer Aufspannung gebohrt werden sollen. Die Mittelebenen a—a, b—b und c—c werden durch zwei gegeneinanderwirkende Innenkegel festgelegt.

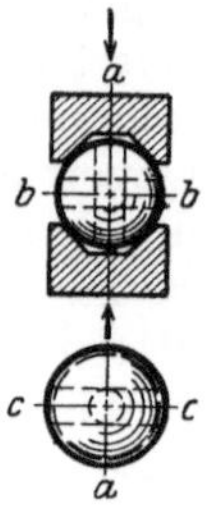

Fig. 50. Vollzentrieren durch 2 Innenkegel.

„Bestimmen" bedeutet, das Werkstück mit Bezug auf seine Oberfläche in ein bis drei Ebenen festlegen. Je nachdem eine, zwei oder alle drei Ebenen bestimmt werden sollen, wird auch hier von Halbbestimmen, Bestimmen und Vollbestimmen die Rede sein.

Fig. 51 deutet das Halbbestimmen an, das erforderlich ist, wenn eine gerade Fläche herzustellen ist. a—a ist die Bestimmungsebene.

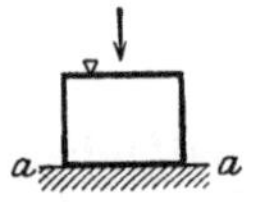

Fig. 51. Halbbestimmen.

Bestimmt muß ein Werkstück werden, wenn daran zwei in verschiedenen Richtungen liegende gerade Flächen ohne Umspannung bearbeitet werden sollen (Fig. 52). Die zu bearbeitenden Flächen berühren sich hierbei rechtwinklig. a—a und b—b sind die Bestimmungsebenen.

In Fig. 53 ist das Vollbestimmen gezeigt, das in Frage kommt, wenn drei in verschiedenen Richtungen liegende gerade Flächen in einer Aufspannung zu bearbeiten sind, die sich gegenseitig in zwei Linien berühren oder in den Verlängerungen schneiden. a—a, b—b und c—c sind die Bestimmungsebenen.

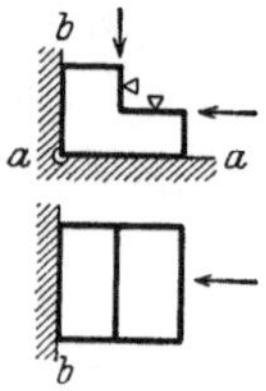

Fig. 52. Bestimmen.

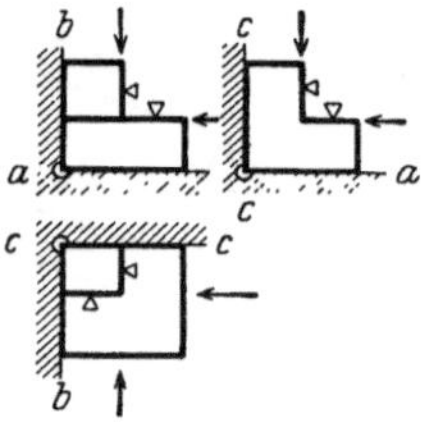

Fig. 53. Vollbestimmen.

Natürlich können die drei vorgenannten Funktionen auch beim Bohren angewendet werden, wenn die Entfernung der Löcher nicht von Mittelebenen, sondern von bestimmten Bezugskanten eingehalten werden muß.

Endlich können auch beide Funktionen, sowohl Zentrieren als auch Bestimmen, zusammen und sich einander ergänzend angewendet werden.

Während bei allen vorerwähnten Arten des Bestimmens Richtung und auch Entfernung bestimmt wird, so trifft das in Verbindung mit dem Zentrieren nicht immer zu, sondern es wird oft entweder nur die Richtung oder die Entfernung bestimmt.

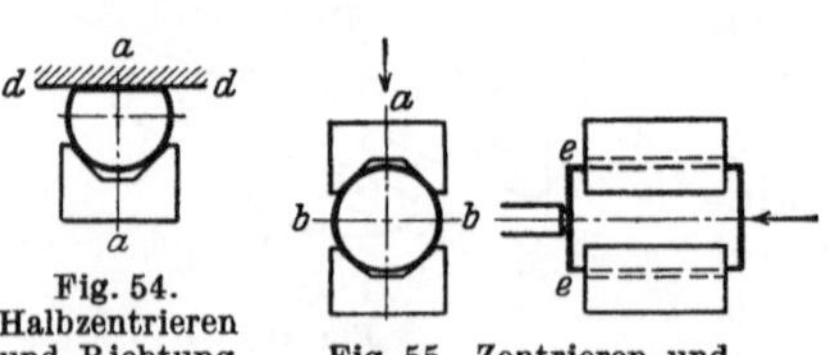

Fig. 54. Halbzentrieren und Richtung bestimmen.

Fig. 55. Zentrieren und Entfernung bestimmen.

Erstere Art ist in Fig. 54 angedeutet. Die Mittelebene a—a ist zentriert und die Richtung der Fläche d—d bestimmt. Fig. 55 zeigt die zweite Art. a—a und b—b sind die zentrierten Mittelebenen, während die Fläche e—e bezüglich der Entfernung bestimmt ist.

Ganz allgemein werden diese Funktionen der Spannvorrichtungen nicht genügend beachtet. Durch fehlerhaftes Zentrieren und Bestimmen ergeben sich aber die größten Mißstände im Betriebe. Fehlstücke, zum mindesten aber Schönheitsfehler und Verzögerungen bei der Bedienung, sind die unausbleiblichen Folgen. Für

Konstruktion und Herstellung der Spannvorrichtungen ist daher ein vorzügliche Kenntnis obiger Funktionen und ihrer Organe Bedingung. Ferner müssen auch die erschwerenden Umstände richtig erkannt werden, damit die Mittel richtig ausgewählt und angewendet werden können.

31. Erschwerende Umstände. An allen Werkstücken, gleichviel, ob sie roh oder vorbearbeitet sind, treten Fehler auf, die das Zentrieren und Bestimmen erschweren. Wäre das nicht der Fall, sondern hätten die Teile untereinander genau gleiche Abmessungen und Formen, so würde sich das Zentrieren und Bestimmen nach den vorerwähnten Verfahren erübrigen. Es könnten vielmehr genau passende Futter und Formen hergestellt werden, in denen die Teile aufgenommen und bestimmt werden. Die unvermeidlichen Abweichungen und Fehler gestatten das aber nicht. Entweder würde das Werkstück in das Futter nicht hineingehen oder es würde darin ein unzulässiges Spiel haben und wackeln.

An rohen Gußstücken sind die Fehler bekanntlich recht erheblich und betragen in den Abmessungen je nach Größe der Stücke mehrere Millimeter. Ferner muß auch mit Gießnähten, versetzten Augen und Kernen und den Angüssen gerechnet werden. Bei Temperguß treten noch Formverzerrungen hinzu. Ähnlich verhält es sich mit Gesenkschmiedeteilen. Freigeschmiedete Teile können wegen ihrer zu großen Abweichungen in Sondervorrichtungen in der Regel überhaupt nicht, bearbeitet werden.

An bearbeiteten Teilen oder solchen aus gezogenem Stangenmaterial sind die auftretenden Fehler verhältnismäßig gering. Trotzdem fallen sie aber ebenso schwer oder noch schwerer ins Gewicht, denn es muß hier viel genauer zentriert und bestimmt werden als bei rohen Teilen, und alle Fehler, die gemacht werden, beeinflussen aufs ungünstigste die Austauschfähigkeit.

Die Aufgaben beim Zentrieren und Bestimmen liegen nun darin, allen auftretenden Fehlern richtig zu begegnen und sie nach Möglichkeit unwirksam zu machen. Nachfolgend werden an Hand zahlreicher Abbildungen die gebräuchlichsten Mittel und ihre Anwendung gezeigt und daneben auch besondere schwierigere Fälle behandelt werden.

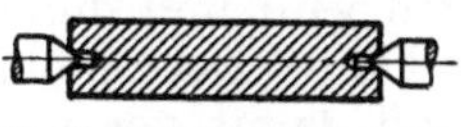

Fig. 56. Zentrieren durch Körnerspitzen.

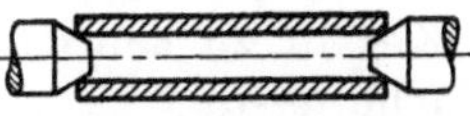

Fig. 57. Zentrieren durch abgestumpfte Kegel.

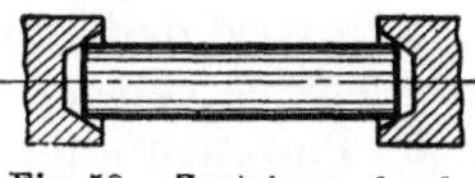

Fig. 58. Zentrieren durch Innenkegel.

32. Zentrieren durch Kegel. Allgemein bekannt ist das Zentrieren durch Kegel. Man verwendet diese nicht nur auf Drehbänken, Schleifmaschinen u. a. als Außenkegel (Körnerspitze), wie in Fig. 56 und 57, und als Innenkegel nach Fig. 58 zum Zentrieren von Wellen und runden Hohlkörpern, sondern für ähnliche Zwecke auch bei allen Arten von Spannvorrichtungen. Sie können fest, federnd und auch durch besondere Mittel verstellbar angeordnet werden.

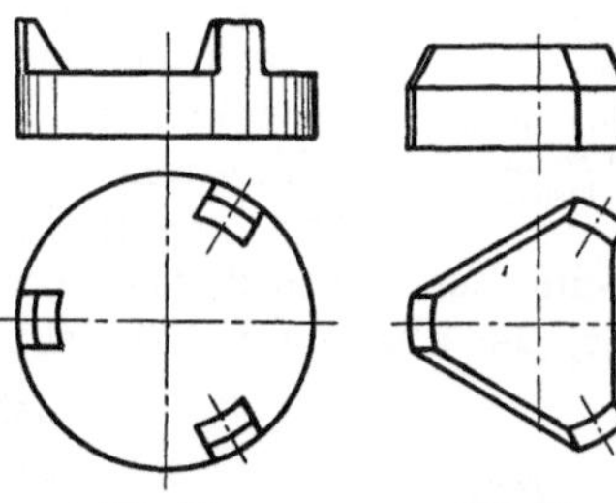

Fig. 59. Zentrierinnenkegel für rohe Teile.

Fig. 60. Zentrieraußenkegel für rohe Teile.

Für rohe Werkstücke wird zwecks besserer Anlage die Mantelfläche der Kegel so weit freigearbeitet, daß nur drei schmale Stellen anliegen (Fig. 59 und 60). Bei schwachwandigen Teilen ist jedoch Vorsicht wegen Verspannungsgefahr geboten.

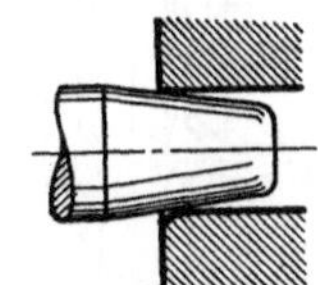

Fig. 61. Zentrieren bei ungleichen Lochrändern.

In der Regel werden die Kegel unter einem Winkel von 60° (bzw. 90° bei schweren Teilen) ausgeführt. Für rohe Werkstücke, bei denen man mit ungleichmäßigen

Kanten rechnen muß, empfiehlt es sich aber, kleinere Winkel zu wählen und die Einführungskanten abzurunden (Fig. 61). Etwaige Formfehler an den Zentrierkanten des Werkstückes werden dadurch unwirksamer.

33. Zentrieren und Entfernungbestimmen durch Dorne. Werkstücke mit zentrischer Bohrung zentriert man mittels einfacher oder sogenannter „Spreizdorne“.

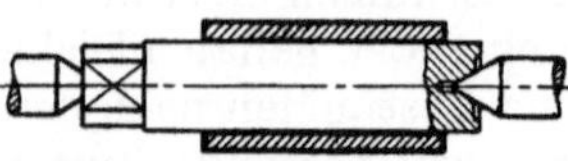

Fig. 62. Zentrieren durch Spitzentreibdorn.

Erstere werden hauptsächlich als Spitzendorne ausgeführt und etwas kegelig, etwa 1:1000÷5000 gehalten (Fig. 62). Hierbei kann jedoch nicht die Entfernung des Werkstückes bestimmt werden. Ist das erforderlich, so müssen auch die Spitzendorne als Spreizdorne ausgebildet werden. Ein Beispiel dieser Art zeigt Fig. 63, wo die Spreizwirkung durch eine Schraubenspindel erzielt wird, die eine Kugel in einen Innenkegel drückt. Der Kegelwinkel muß, um ein Festklemmen der Kugel zu verhindern, mindestens 20° groß sein. Die Schraubenspindel muß

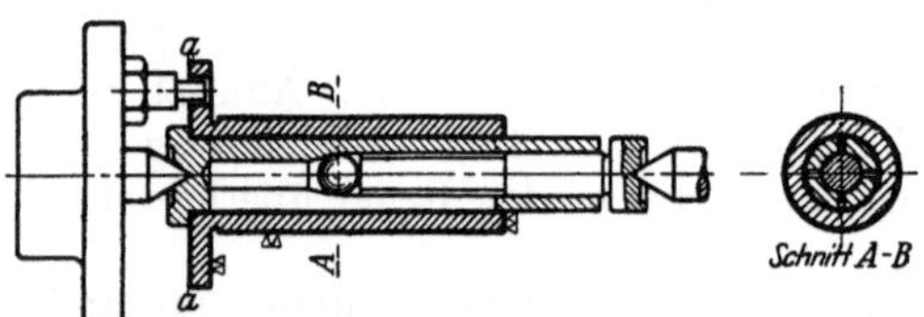

Fig. 63. Zentrieren und Entfernung bestimmen durch Spitzenspreizdorn.

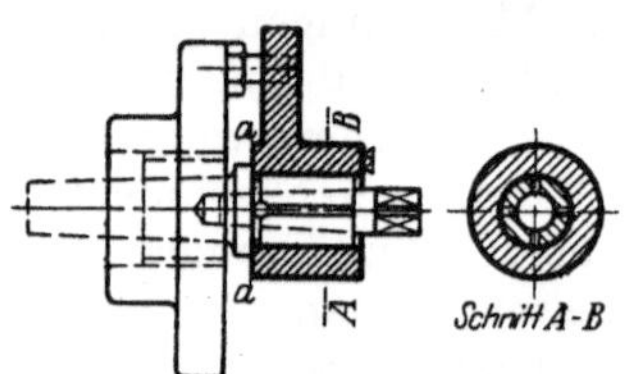

Fig. 64. Zentrieren und Entfernung bestimmen durch fliegenden Dorn.

einen möglichst langen glatten Führungszylinder haben. Der Ansatz des Dornes bestimmt die Fläche a—a.

Fliegende Dorne werden in der Regel als Spreizdorne ausgebildet. Ein Beispiel zeigt Fig. 64. Der Spreizdruck wird hierbei durch einen Kegelstift mit einem Winkel

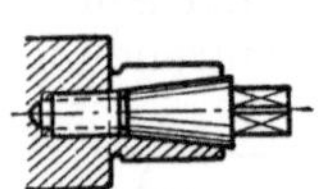

Fig. 65. Spreizen durch Schraubenkegel.

von etwa 3° hervorgerufen, der eingeschlagen wird und durch Drehen an dem Vierkant wieder gelöst werden kann. Der Spreizkegel kann aber auch ein Gewinde haben und damit vor und zurück bewegt werden (Fig. 65). Der Winkel ist dann jedoch erheblich größer, etwa 20÷25°, zu wählen; auch ist auf ein schlagfreies Laufen des Gewindes mit den Kegeln zu achten. Der Ansatz bestimmt die Entfernung der Fläche a—a.

Beim Zentrieren durch Dorne wird selbstverständlich auch eine Spannwirkung erzielt, die aber nach Möglichkeit durch andere Elemente wie in den Beispielen unterstützt werden muß. Es wird dadurch einem frühzeitigen Verschleiß vorgebeugt.

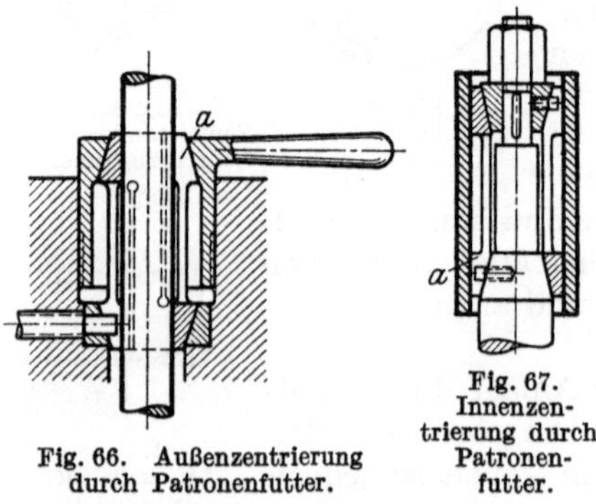

34. Zentrieren durch Patronenfutter. Patronenfutter dienen hauptsächlich zum Zentrieren und Spannen von blankgezogenem Stangenwerkstoff auf Revolverdrehbänken; doch können in der Wirkungsweise gleiche Anordnungen an jeder Art Spannvorrichtung getroffen werden. Je eine solche für Innen- und Außenspannung ist in Fig. 66 und 67 gezeigt. Die Zentrier- und Spannhülsen a sind doppeltwirkend und mehrfach, von beiden Enden abwechselnd, geschlitzt. Nach-

Fig. 67. Innenzentrierung durch Patronenfutter.

Fig. 66. Außenzentrierung durch Patronenfutter.

teilig, besonders bei stehenden Konstruktionen, ist, daß die zentrierenden Kegelflächen leicht durch Späne verschmutzen können und daher wenig zuverlässig sind.

35. Zentrieren durch Klemmringe. Diese wirken ähnlich wie die Patronenfutter. Man wendet sie an Stelle von Kegeln dann an, wenn mit diesen infolge zu großer Fehler am Werkstück (ungleichmäßige Zentrierkanten) nicht die gewünschte Genauigkeit erzielt werden kann. Die Klemmringe für Innenzentrierung (Fig. 68) und Außenzentrierung (Fig. 69) wirken so, indem sie durch einen Ansatz, der sich gegen das Werkstück legt, in einen Innenkegel bzw. auf einen Außenkegel gedrückt und zusammengeklemmt bzw. auseinandergespreizt werden. Damit die Ringe a genügend federn können, besonders bei rohen Werkstücken, müssen sie am Bund mit zahlreichen Einschnitten versehen werden. Die Ringe sind federhart zu härten, während die Gegenkegel glashart sein müssen.

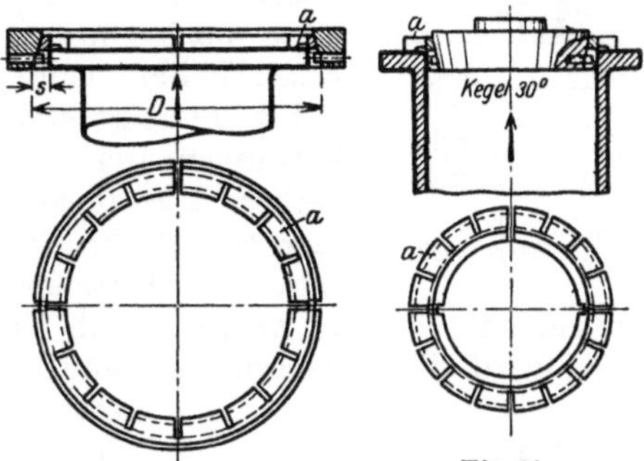

Fig. 68. Außenzentrierung durch Klemmring.

Fig. 69. Innenzentrierung durch Klemmring.

36. Prisma als Hilfsmittel zum Zentrieren. Prismen spielen bei den Spannvorrichtungen eine große Rolle, denn sie können in den weitaus meisten Fällen als vorzügliches Hilfsmittel zum Zentrieren verwendet werden. Man verwendet sie fest, verstellbar und mit verschiedenen Neigungswinkeln.

Zentrieren im eingangs erwähnten Sinne kann man mit Prismen nur, wenn man zwei gleichmäßig gegeneinander wirken läßt, wie in einem Zweibackenzentrierfutter. Mit einem Prisma kann nur halbzentriert, also nur eine Mittelebene eingestellt werden. Der Einfachheit halber wird man häufig aber auch mit einem Prisma zentrieren und die dabei auftretenden Fehler in Kauf nehmen, wenn sie die Austauschfähigkeit nicht beeinträchtigen. Der günstige Flankenwinkel ist dann 45° und darüber. In Fig. 70 ist in übertriebener Weise dargestellt, wie sich bei verschiedenen Flankenwinkeln Unterschiede am Werkstück auf die Zentrierung der wagerechten Mittelebene a—a auswirken. Als normal ist die zu zentrierende Kreisfläche mit dem Halbmesser R angenommen. Bei einer Abweichung auf R_1 wird bei einem Flankenwinkel von 90° die Mittelebene aus der Normallage um die Strecke y, bei einem solchen von 60° aber um die Strecke x gesenkt. Der größere Flankenwinkel verbürgt also eine höhere Genauigkeit für die wagerechte Mittelebene a—a.

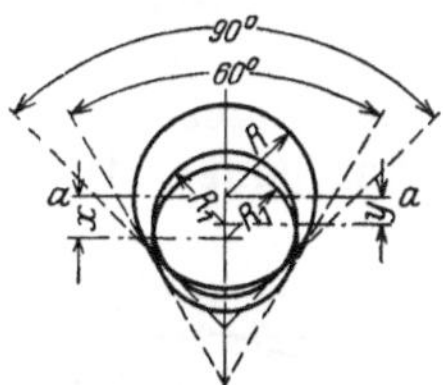

Fig. 70. Zentrieren von Rundkörpern in verschiedenen Flankenwinkeln.

Bei Halbzentrierungen runder Querschnitte spielt der Flankenwinkel keine große Rolle, dagegen aber bei eckigen. Besonders dann, wenn mit größeren Fehlern an den anliegenden scharfen Kanten gerechnet werden muß. Hier ist ein kleiner Winkel stets zweckmäßiger, wie es in Fig. 71 in übertriebener Weise veranschaulicht ist. Das Werkstück wird aus seiner normalen Mittellage a—a infolge einer stärker abgerundeten Kante bei einem Flankenwinkel von 60° nur um die Strecke y, bei einem solchen von 90° dagegen um die weit größere Strecke x abgedrängt.

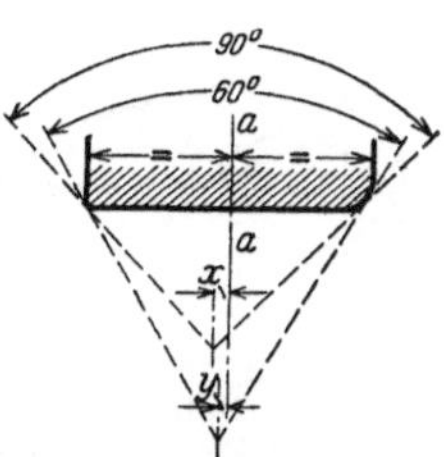

Fig. 71. Halbzentrieren von Flachkörpern in verschiedenen Flankenwinkeln.

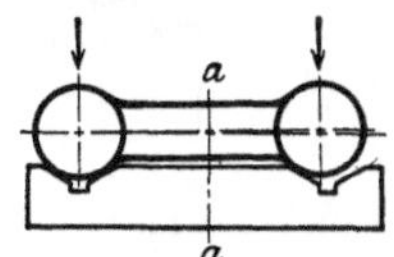

Fig. 72. Überbestimmtes Werkstück.

37. Halbzentrieren und Bestimmen durch Prisma und zwei feste Anlagepunkte. In Fig. 72 ist zunächst gezeigt, welche Fehler häufig von Anfängern dabei gemacht werden. Das Werkstück wird an den Augen von je einem Prisma aufgenommen. Auch die geringste Abweichung in der Länge oder an den Rundungen wird zur

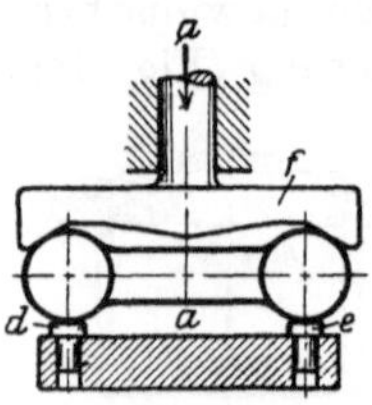

Fig. 73. Halbzentriertes Werkstück.

Folge haben, daß entweder gar keins oder nur immer ein Auge an beiden Prismenflanken anliegt, wie es in der Figur in übertriebener Weise dargestellt ist. Es wird daher weder die senkrechte noch die wagerechte Mittelebene eindeutig be timmt. Diesen Fehler nennt man „überbestimmen".

Fig. 73 zeigt eine richtige Anordnung. Als Hilfsmittel zum Bestimmen der wagerechten Richtung und Entfernung des Werkstückes dienen die festen Punkte d·und e. Durch das in einer Geradführung beweglich angeordnete Prisma f wird die senkrechte Mittelebene a—a festgelegt. Auftretende Längenunterschiede verteilen sich dadurch gleichmäßig auf beide Augen. In den meisten Fällen wird diese Anordnung genügen. Muß jedoch auch die Längsmittelebene

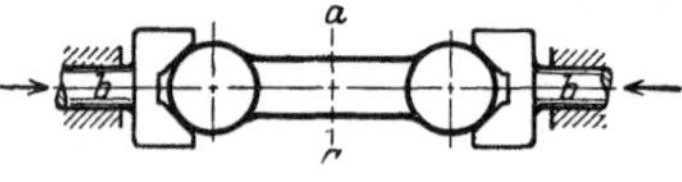

Fig. 74. Zentriertes Werkstück.

festgelegt werden, so ist die nächste Anordnung zu wählen.

38. Zentrieren durch zwei gegeneinander wirkende Prismen. In Fig. 74 wird dasselbe Werkstück zentriert, denn es wird sowohl die senkrechte Mittelebene a—a als auch die wagerechte b—b festgelegt, indem beide Prismen gleichmäßig gegeneinander gespannt werden. Hierzu ist als Spannelement die Ausführung nach Fig. 20 gut verwendbar.

39. Halbzentrieren und Bestimmen der Entfernung durch Prisma und festen Auflagepunkt. In Fig. 75 wird die wagerechte Mittelebene b—b des runden Auges

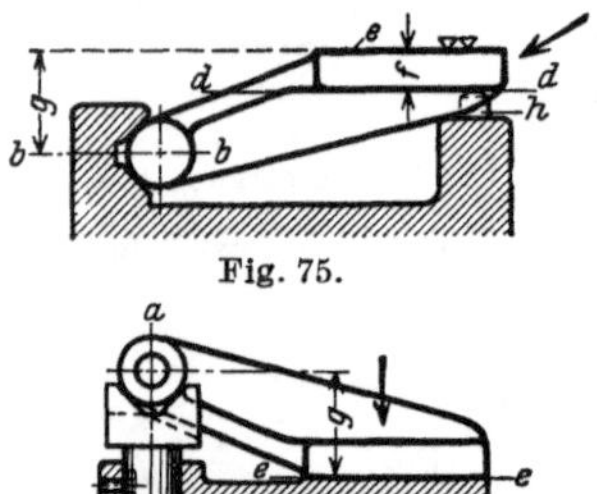

Fig. 75.

durch Prisma festgelegt. Außerdem soll die Entfernung der wagerechten Fläche d—d bestimmt werden, damit, wenn beim Bearbeiten der Fläche e das Maß g eingehalten werden soll, auch die Wand die richtige Stärke f erhält. Das wird durch Auflage auf den festen Punkt h erreicht.

40. Halbzentrieren, Richtung und Entfernung bestimmen durch Federprisma und gerade Fläche. Nachdem an dem vorher behandelten Werkstück die obere Fläche bearbeitet worden ist, soll in einer zweiten Vorrichtung das runde Auge gebohrt werden. Es muß beim Festlegen sowohl auf die gerade Fläche e—e als auch auf die Mittelebene a—a des Auges Bezug genommen werden. Fig. 76 zeigt die entsprechende Anordnung. Um den Fehlern am Auge des Werkstückes und Bearbeitungsfehlern durch

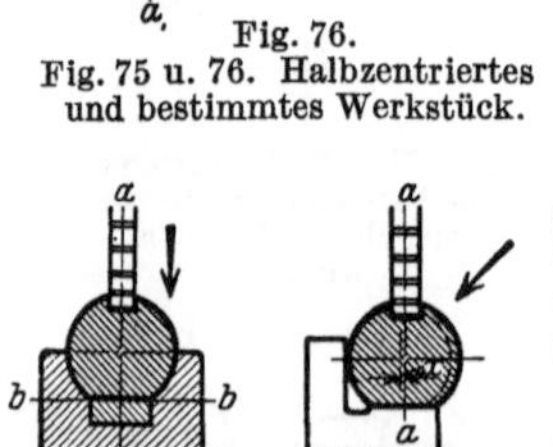

Fig. 76.
Fig. 75 u. 76. Halbzentriertes und bestimmtes Werkstück.

nicht genaues Einhalten des Maßes g Rechnung zu tragen, ist das Prisma federnd angeordnet, damit es sich in jedem Falle mit seinen Flanken an das Auge anschmiegen kann und auch die Fläche e—e stets richtig zur Anlage kommt.

41. Halbzentrieren und Bestimmen der Richtung durch Prisma und Federdruckstücke. Es soll eine Welle, die bereits mit einer Fläche versehen ist, genau gegenüber von dieser eine Nut erhalten. Es liegt sehr nahe, dafür einen Aufnahmekörper nach Fig. 77 zu verwenden. Das ist jedoch falsch, denn wegen der auftretenden Fehler am Werkstück

Fig. 77. Überbestimmtes Werkstück.

Fig. 78. Falsch bestimmtes Werkstück.

kann bei einem Plus an der Fläche b—b nicht genau die Mittellinie a—a zentriert, bei einem Minus nicht genau die Richtung der Fläche b—b bestimmt werden. Falsch ist auch die Aufnahme nach Fig. 78. Auftretende Durchmesserdifferenzen verhindern, daß die senkrechte Mittelebene a—a genau eingestellt werden kann. Es treten die in der Figur in übertriebener Weise dargestellten und durch x bezeichneten Abweichungen auf.

Richtig ist die Ausführung nach Fig. 79. Das federnde Druckstück d bestimmt trotz der Fehler im Werkstück einwandfrei die Richtung der Fläche b—b, während das Prisma die senkrechte Mittelebene a—a stets genau einstellt.

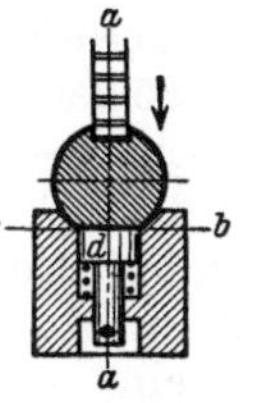

Fig. 80 zeigt ein weiteres Beispiel. Das Werkstück, ein Gabelzapfen, soll genau rechtwinklig zum Schlitz und genau durch die Mitte gebohrt werden. Es muß daher die Mittelebene a—a und ferner die Richtung des Schlitzes genau bestimmt werden. Für die erstere Funktion ist ein Prisma vorgesehen, und es wäre das einfachste, den Schlitz durch ein Paßstück zu bestimmen. Wegen der auftretenden Fehler ist das jedoch nicht angängig, denn bei einem Übermaß würde das Paßstück wackeln, bei einem Untermaß jedoch nicht hineingehen. Der Schlitz kann aber auch etwas einseitig sitzen, wodurch der Bolzen im Prisma gar nicht anliegen kann. Es ist daher das Federdruckstück c vorgesehen, das mit zwei erhöhten Auflagepunkten die Richtung der Fläche b—b und somit den Schlitz genau wagerecht einstellt.

Ein ähnlicher, aber etwas schwierigerer Fall ist in Fig. 81 gezeigt. Hier soll ein Loch in der Richtung des Schlitzes gebohrt werden. Die senkrechte Mittelebene a—a wird wieder durch ein Prisma festgelegt. Die Richtung des Schlitzes wird dadurch bestimmt, daß sich zwei auseinanderfedernde Druckstücke d und e gegen die Flächen b—b und c—c des Schlitzes legen. Diese Anordnung ist darum gewählt, damit kein Seitendruck senkrecht zur Zentrierebene a—a auftreten und das Werkstück abdrängen kann.

42. Halbzentrieren und Bestimmen durch Prisma und gerade Fläche. In Fig. 82 wird ein einfaches Werkstück rechteckigen Querschnittes durch ein Prisma halbzentriert und die Richtung und Entfernung durch Anlage der Fläche a—a in der Vorrichtung bestimmt.

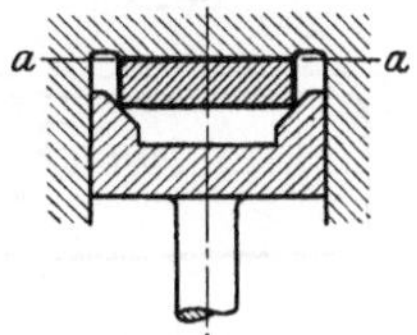

In Fig. 83 wird dasselbe Werkstück an zwei Stellen, an beiden Enden in derselben Weise aufgenommen. Um auftretende Fehler am Werkstück unwirksam zu machen, ist das Prisma in der Mitte an dem Spannorgan a durch Bolzen b angelenkt.

43. Zentrieren und Bestimmen der Richtung durch Prisma und zwei Dorne. In Fig. 84 wird ein Kolben in der senkrechten Mittelebene a—a durch ein Prisma und in der wagerechten b—b durch zwei Bolzen eingestellt. Es kommt aber weniger

Fig. 79. Halbzentriertes und richtungsbestimmtes Werkstück.

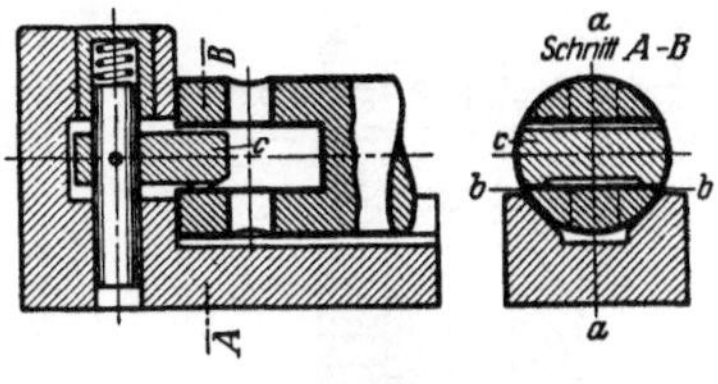

Fig. 80.

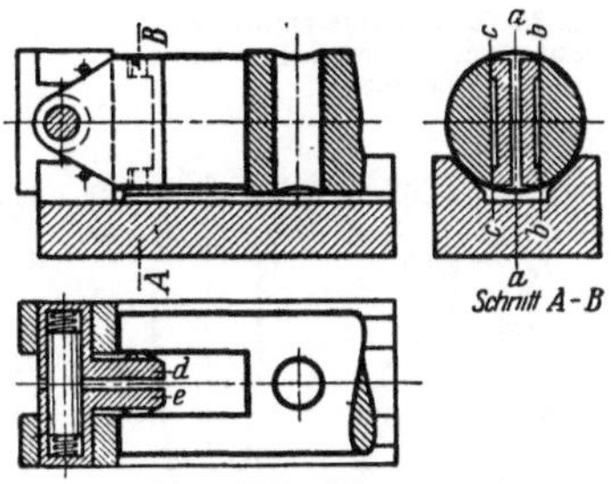

Fig. 81.

Fig. 80 u. 81. Halbzentrierte, richtungs- und entfernungsbestimmte Werkstücke.

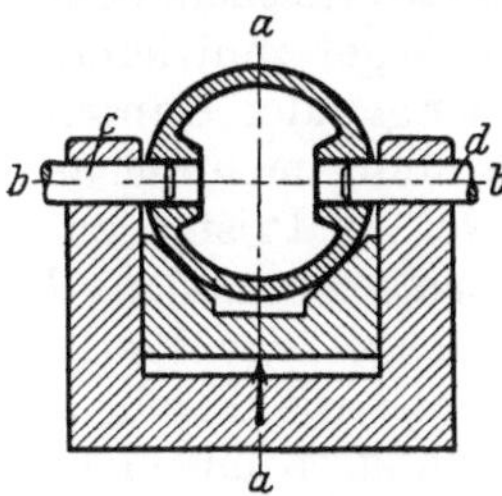

Fig. 84. Zentrierter und richtungsbestimmter Kolben.

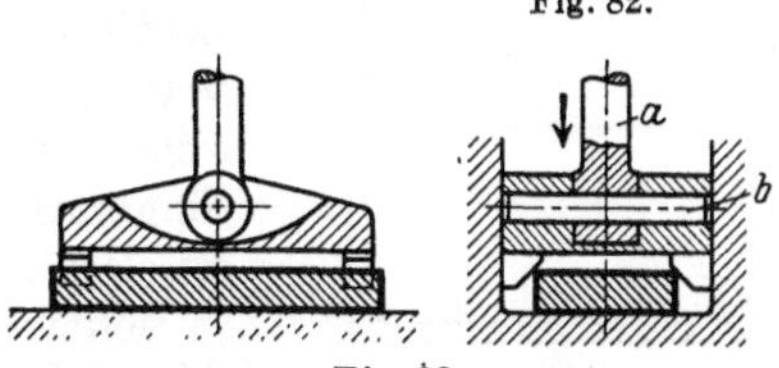

Fig. 82.

Fig. 83.

Fig. 82 u. 83. Halbzentrierte, richtungs- und entfernungsbestimmte Flachkörper.

auf die wagerechte Mittelebene an, sondern vielmehr auf die wagerechte Richtung des Bolzenloches, die dadurch gleichzeitig eindeutig bestimmt wird. Um Durchmesserunterschiede des Werkstückes unwirksam zu machen, wird das Prisma durch ein Spannorgan angedrückt. Die Bolzen c und d können durch ein Spannorgan nach Fig. 20 bewegt werden.

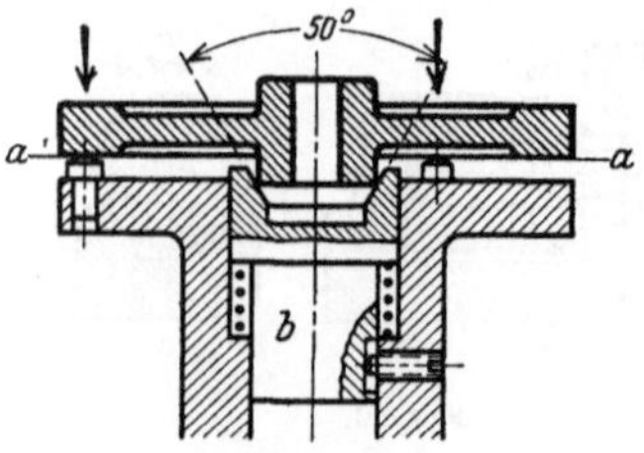

Fig. 85. Zentrierter, richtungs- und entfernungsbestimmter Radkörper.

44. Zentrieren und Bestimmen durch federnden Innenkegel und drei feste Auflagepunkte. Fig. 85 zeigt, wie ein Radkörper zentriert und in der Drehebene a—a in Richtung und Entfernung bestimmt wird. Der federnde Zentrierkegel hat einen Winkel von 50° und kann, um fehlerhafte Anlagekanten noch unwirksamer zu machen, eher kleiner als größer sein.

45. Zentrieren durch Innenkegel, Prismenwippe und Keilstück. In Fig. 86 wird ein Gabelkopf zentriert. Der Innenkegel e, gleichzeitig als Spannorgan ausgebildet, zentriert das Schaftende. Die beiden Gabelenden werden in der senkrechten Lochebene a—a durch Gabelprisma b, das als Wippe ausgebildet ist, und in der senkrechten Ebene c—c durch das federnde Keilstück d eingestellt. Das Zentrier- und Spannorgan e kann gleichzeitig auch noch als Bohrwerkzeugführung ausgebildet werden.

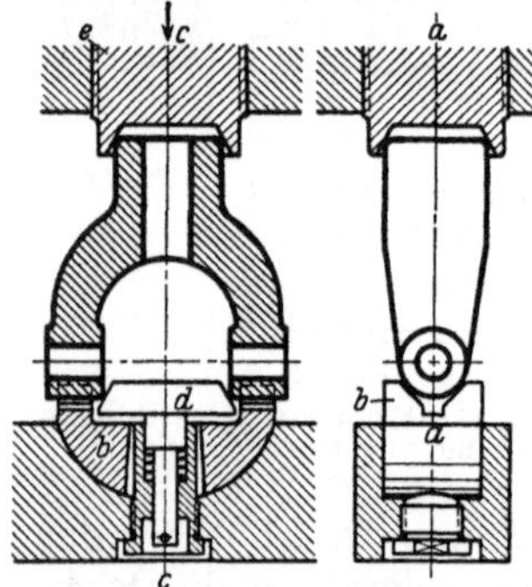

b = Gabelprisma. d = Zentrierkeilstück. e = Innenkegel.

Fig. 86. Zentrierter Gabelkopf.

46. Bestimmen durch gerade Fläche und einen zerlegten Auflagepunkt. In Fig. 87 wird die Richtung des Werkstückes und die Entfernung a durch Anlage der Fläche b—b in der Vorrichtung bestimmt, während die untere wagerechte Fläche c—c durch einen zerlegten, als Wippe ausgebildeten Auflagepunkt ausgerichtet wird. Das ist erforderlich, um den auftretenden Bohrdruck in nächster Nähe abzufangen.

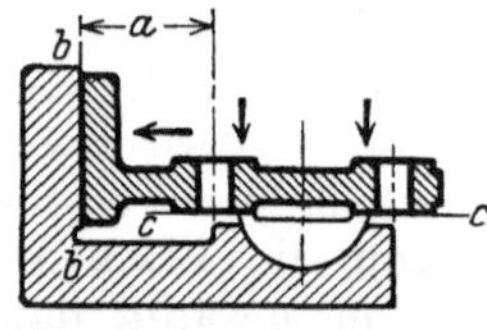

Fig. 87. Bestimmtes Werkstück.

47. Zentrieren und Bestimmen durch zwei prismatische Knaggenpaare und eine gerade Fläche. Ebenso wie runde Vollkörper kann man auch solche mit quadratischem oder rechteckigem Querschnitt durch Innenkegel zentrieren. Soll aber auch gleichzeitig die Richtung der geraden Kanten bestimmt werden, so kann man die Anordnung nach Fig. 88 verwenden. Hierbei stehen sich je zwei als Prisma zueinander geneigte Flächen der Knaggenpaare c—c und d—d diagonal gegenüber, die wie ein Innenkegel das Werkstück zunächst zentrieren. Dadurch, daß die Flächenprojektionen nicht im rechten Winkel, sondern mit einer Abweichung um etwa 15° zu den Diagonalen liegen, wird ferner erreicht, daß das Werkstück seine vorgeschriebene Lage auch bezüglich der Kanten e—e zwischen den vier Knaggen einnehmen muß, und sich weder nach rechts

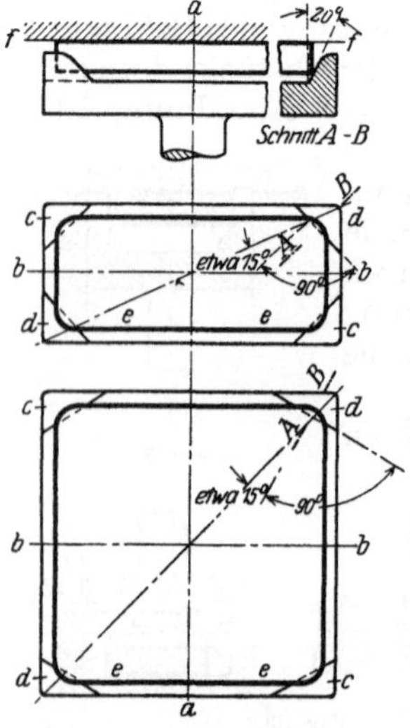

Fig. 88. Rechteckige und quadratische Flachkörper, zentriert und richtungsbestimmt.

noch nach links in diesen drehen kann. Wird die Abweichung noch größer gewählt, so kann wohl genauer bestimmt, dafür aber um so ungenauer zentriert werden, denn es können sich dann die Eckenfehler mehr auswirken. Die Abweichung wäre also jeweils danach zu wählen, worauf es mehr ankommt. Bestimmt wird ferner noch die Richtung und Entfernung der Fläche f—f durch Anlage des Werkstückes in der Vorrichtung.

Diese sehr einfache und dauerhafte Konstruktion kann in den meisten Fällen mit bestem Erfolge angewendet werden, besonders dann, wenn wie in den Fig. 88 die Ecken des Werkstückes abgerundet sind. Sind diese jedoch scharf, so können erheblich größere Eckenfehler besonders an rohen Teilen auftreten, die die Wirkungsweise verschlechtern. Nötigenfalls ist dann die wesentlich teurere aber zuverlässigere Anordnung der Fig. 89 zu wählen.

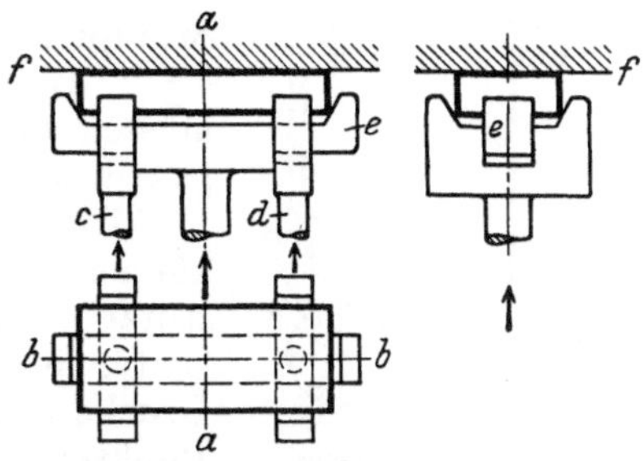

Fig. 89. Rechteckiger Flachkörper, zentriert und richtungsbestimmt.

48. Zentrieren und Bestimmen durch ein Längs- und zwei Querprismen und gerade Fläche. Nach der Anordnung Fig. 89 wird ein Werkstück durch drei unabhängig voneinander wirkende Prismen zentriert. Die beiden quer angeordneten c und d legen die Mittelebene b—b fest und bestimmen auch gleichzeitig deren Richtung. Das Längsprisma e zentriert die Mittelebene a—a. Die wagerechte Richtung und die Entfernung wird wie im vorigen Beispiel durch Anlage der Fläche f—f an der Vorrichtung bestimmt. Die Prismen müssen in Verbindung mit Druckausgleichsmitteln stehen.

C. Unterstützen.

49. Bedeutung und allgemeine Richtlinien. Unterstützen im Sinne der Spannvorrichtungen bedeutet, Werkstücke durch geeignete Stützpunkte so abfangen, daß sie sich beim Festspannen nicht durchbiegen können und auch bei der Bearbeitung den auftretenden Schnittdrucken so viel Widerstand entgegensetzen, daß sie die natürliche Form und richtige Lage in der Vorrichtung behalten. Wenn Unterstützen eigentlich dasselbe ist wie Bestimmen, zum mindesten aber sich die Grenzen stark verwischen, so ist der Klarheit halber doch eine getrennte Behandlung gewählt worden und der Schwerpunkt hierbei auf das richtige Abfangen der Drucke gelegt worden.

Ganz allgemein läßt man rohe Werkstücke nur auf Punkten aufliegen, bearbeitete dagegen auf Flächen, die zur besseren Reinigung durch Aussparen verkleinert werden können. Natürlich ist die Punktauflage nur theoretisch zu verstehen, denn in Wirklichkeit wird das Stützorgan sich so weit in das Werkstück eindrücken, bis eine genügend große Fläche anliegt, die weiteren Drucken standhält.

Die Anzahl der festen Stützpunkte richtet sich nach der Form der Werkstücke und nach der Mitwirkung anderer Funktionselemente und darf im Höchstfalle drei betragen. Alle darüber hinausgehenden sind grundsätzlich nicht erlaubt und müssen dann, wenn sie ausnahmsweise nicht zu umgehen sind, beweglich angeordnet werden. Jeder der drei festen Stützpunkte kann aber in zwei bis drei bewegliche Punkte zerlegt werden. Man wird jedoch nur selten in vollem Maße davon Gebrauch machen müssen und meist nur einen, höchstens zwei Punkte zu zerlegen brauchen.

Schwächere und leicht nachgiebige Werkstücke müssen an allen Stellen, an denen Spann- oder Bearbeitungsdrucke auftreten, unterstützt werden. Es werden darum hierbei auch des öfteren feste Punkte zerlegt werden müssen.

50. Einpunktauflage. Ist für ein Werkstück nur ein Stützpunkt erforderlich, wenn z. B. die Richtung durch andere Elemente bestimmt wird, so braucht dieser, wenn nichts dagegen spricht, das Werkstück nur an einem Punkte zu berühren (Fig 90). Ist dagegen eine Einpunktunterstützung an geeigneter Stelle infolge der Form des Werkstückes nicht möglich, so ist der feste Stützpunkt a in zwei bis drei bewegliche a_1—a_2—a_3 zu zerlegen, die um einen theoretischen festen Punkt schwingen müssen und sich den Unebenheiten des Werkstückes anpassen können (Fig. 91).

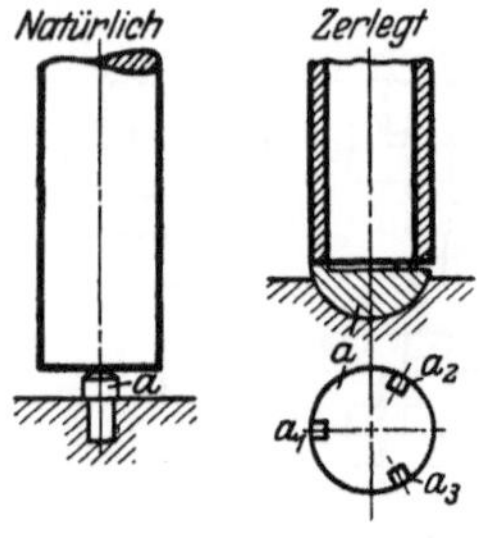

51. Zweipunktauflage. Werkstücke langgestreckter Form können in der Regel nur durch zwei feste Punkte unterstützt werden. Die senkrechte Richtung wird dann anderweitig bestimmt. Treten an einem solchen Werkstück Drucke auch nur an den zwei zur Unterstützung geeigneten Punkten auf oder ist es wegen seiner Stärke durch die Drucke nicht zu beeinflussen, so können die beiden Punkte tatsächlich auch fest angeordnet werden (Fig. 92). Treten aber noch an einer anderen Stelle Drucke auf, so muß ein Punkt durch eine Wippe in die zwei Punkte a_1 und a_2 zerlegt werden (Fig. 93). Erforderlichenfalls könnte natürlich auch der zweite Punkt in gleicher Weise zerlegt werden.

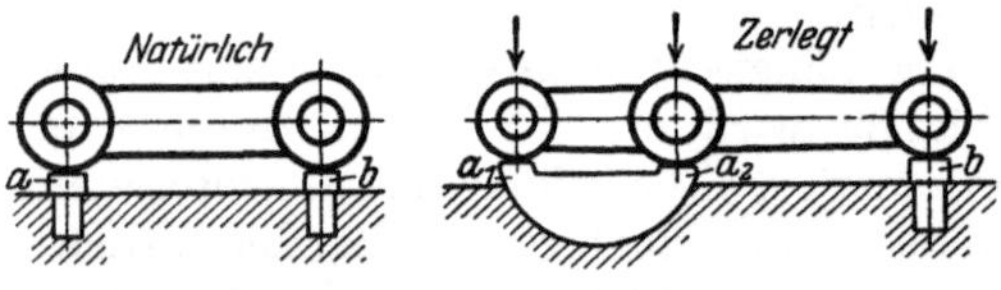

52. Dreipunktauflage. Drei feste Stützpunkte können immer nur im Dreieck und am günstigsten in einem gleichseitigen angeordnet werden. Sie sind dann erforderlich, wenn die Richtung der Auflagefläche durch andere Mittel nicht weiter bestimmt wird und die Form des Werkstückes auf eine Dreipunktauflage hinweist. Natürlich können auch hier aus den bereits erwähnten Gründen die Punkte zerlegt werden. Fig. 94 und 95 zeigen beide Anordnungen.

Fig. 90.   Fig. 91.
Fig. 90 u. 91. Einpunktauflage.

Fig. 92.   Fig. 93.
Fig. 92 und 93. Zweipunktauflage.

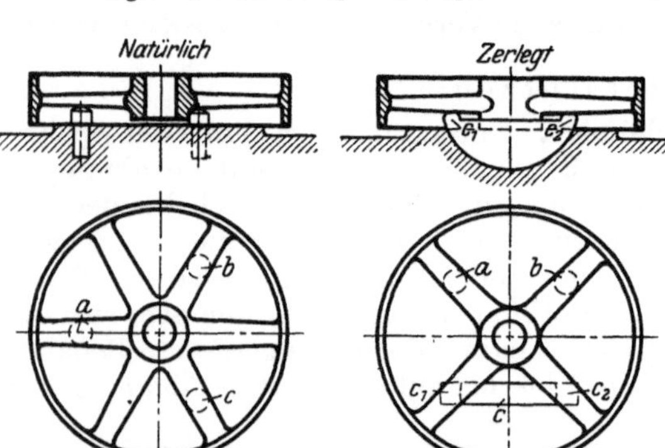

Fig. 94.   Fig. 95.
Fig. 94 und 95. Dreipunktauflage.

53. Feste Stützen. Nachfolgend werden die zweckmäßigsten Ausführungsformen der festen Stützen besprochen.

a) Kuppenstützen (Fig. 96). Sie werden zur Unterstützung gerader Flächen verwendet. Da sie stramm in den Vorrichtungskörper eingetrieben werden, so sind sie mit einem geringen Durchmesserabfall von etwa 1 : 1000 herzustellen.

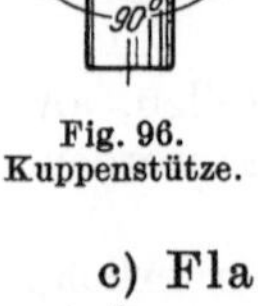

b) Kammstützen (Fig. 97). Man unterstützt mit ihnen kreiszylinderförmige Flächen. Die Druckspitze ist kammartig ausgebildet. Im übrigen gleicht die Stütze der vorgenannten.

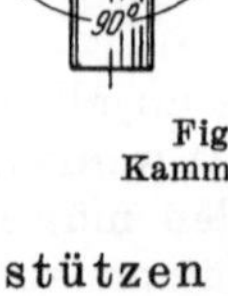

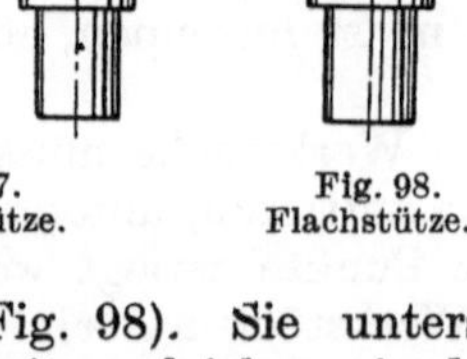

Fig. 96.   Fig. 97.   Fig. 98.
Kuppenstütze.   Kammstütze.   Flachstütze.

c) Flachstützen (Fig. 98). Sie unterstützen kugelförmige Flächen. Abgesehen von der Druckspitze gleichen sie den vorgenannten.

d) **Schraubenstützen** (Fig. 99). Sie sind der Vollständigkeit halber auf-
geführt, da sie es ermöglichen sollen, größere Abweichungen an den Werkstücken
von Zeit zu Zeit durch Nachstellen auszugleichen. In besonderen
Fällen kann man sie auch anwenden; im allgemeinen jedoch nicht,
denn es soll der Werkstatt nicht die Gelegenheit gegeben werden,
die Vorrichtung zu verstellen, weil dadurch Fehlstücke hergestellt
werden können.

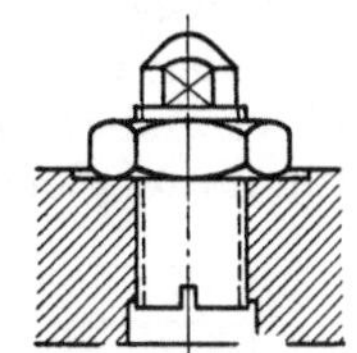

Fig. 99.
Schraubenstütze.

54. Besondere bewegliche Stützen. Besondere, sich selbst ein-
stellende und festzustellende Stützen oder auch sogenannte Ge-
fühlsschrauben sind, wie schon erwähnt, grundsätzlich nicht
erlaubt oder dürfen doch nur in gewissen Notfällen bei recht
sperrigen Werkstücken dann angewendet werden, wenn ein theoretisch fester
Punkt aus konstruktiven Gründen nicht zerlegt werden kann.

Die Nachteile dieser Stützen sind folgende:

a) Sie müssen besonders bedient werden, wodurch Zeit versäumt wird.

b) Es kann vergessen werden, die Stütze zu lösen, so daß das Werkstück
ungleich aufliegt und durch den Spanndruck durchgebogen
werden kann.

c) Es kann vergessen werden, die Stütze festzuziehen,
wodurch das Werkstück durch den Bearbeitungsdruck seine
natürliche Form verlieren kann.

Um den Fehlern nach Möglichkeit vorzubeugen, ist es
zweckmäßig, die Stützen so anzuordnen, daß sie nicht
übersehen und von einer gut zugänglichen Stelle bedient
werden können. Eine bewährte Ausführungsform ist in
Fig. 100 wiedergegeben.

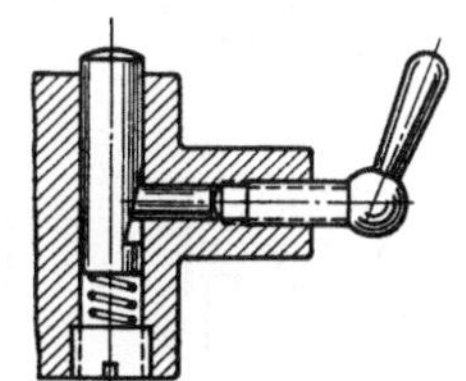

Fig. 100. Bewegliche
Stütze.

55. Bewegliche Stützmittel für die Normalauflage. Für die Normalauflage, d. h.
für die Auflage auf 1÷3 Stützen werden folgende Mittel vorzugsweise verwendet:

a) **Flache Zweipunktwippe** (Fig. 101). Dieses Stützmittel dient recht häufig dazu, einen festen Stützpunkt in
zwei bewegliche aus den bereits früher erwähnten Gründen
zu zerlegen. Es wirkt einfach und zuverlässig, wenn h im
Verhältnis zu R nicht zu klein gewählt wird; denn es könnte
dann der Fall eintreten, daß der Reibungswiderstand durch den
an einem Ende der Wippe auftretenden
Spanndruck nicht überwunden werden und
die Wippe sich infolgedessen nicht einstellen kann. Der Wert $h = \frac{2}{3} R$ dürfte
die unterste Grenze darstellen; ganz sicher
geht man, wenn man $h = R$ wählt, doch
ist das wegen Platzmangel nicht immer
möglich. Nachdem das Werkstück festgespannt ist, wirken beide erhöhte Enden

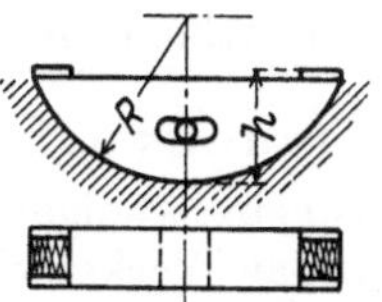

Fig. 101. Flache
Zweipunktwippe.

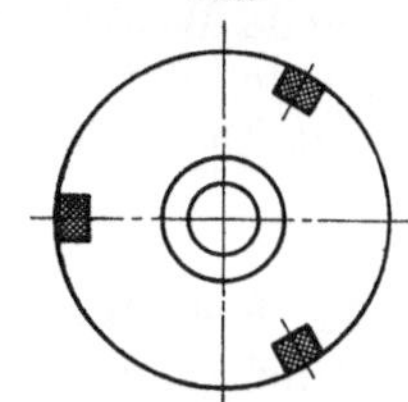

Fig. 102. Kugelige
Dreipunktwippe.

der Wippe als feste Stützen, die durch den hohen Reibungswiderstand verhindert werden, irgendwelchen Bearbeitungsdrücken nachzugeben.

b) **Kugelige Dreipunktwippen** (Fig. 102). Dieses Stützmittel wird häufig
verwandt, wenn ein fester Punkt in drei bewegliche zerlegt werden muß, z. B.
bei ringförmigen Flächen. Die Wirkungsweise ist wie oben.

56. Prismen als Stützmittel. Nachdem die Prismen im Abschnitt 36 als Zentrier-
mittel behandelt worden sind, soll hier noch gezeigt werden, welche Rolle sie als
Stützmittel spielen. Als solche stellen sie eine besondere Art dar, denn es wird

mit ihnen sowohl in der Ein- als auch in der Zwei- und Dreipunktauflage das Werkstück in jedem theoretischen Punkt an zwei Stellen unterstützt. Dadurch, daß die Auflagestellen geneigte Flächen sind, ist aber der theoretische Stützpunkt, durch den das Werkstück nicht nur unterstützt, sondern auch bestimmt werden soll, veränderlich, so daß das Werkstück nicht wie durch die anderen vorerwähnten Stützmittel gleich gut bestimmt werden kann. Die jeweilige Lage des Werkstückes hängt vielmehr von seiner äußeren Beschaffenheit ab, wie es in Fig. 103 dargestellt ist. In drei genau gleichen prismatischen Vertiefungen liegen die drei Werkstücke W_1, W_2 und W_3, die untereinander geringe Abweichungen in Form und Abmessung aufweisen. W_1 ist normal und liegt daher mit seiner unteren Fläche genau in der Bestimmungsebene a—a, die durch die Abmessung der Prismen, bezogen auf das normale Längenmaß des Werkstückes, gegeben ist. W_2 hat beschädigte (abgerundete) Kanten und liegt daher mit seiner unteren Fläche unter der Bestimmungsebene a—a. W_3 ist etwas zu lang und liegt daher zu hoch, über der Bestimmungsebene. Die theoretischen Stützpunkte o, um die die tatsächlichen beiden Anlagepunkte ähnlich wie bei einer Wippe schwingen können, sind also veränderlich. Ähnlich verhält es sich bei Werkstücken runden Querschnittes. Prismen können also neben ihrer eigentlichen Aufgabe als Zentrierhilfsmittel (vgl. Abschn. 36) als Stützmittel nur dann angewendet werden, wenn die Werkstücke nur geringe Abweichungen untereinander aufweisen, die nur unbedeutende Bestimmungsfehler ergeben können. In Fig. 104, 105 und 106 sind die drei Arten der Normalauflage als Ein-, Zwei- und Dreipunktauflage durch Prismen gezeigt. Die Zerlegung eines theoretischen Punktes durch Prismenwippe zeigt Fig. 107.

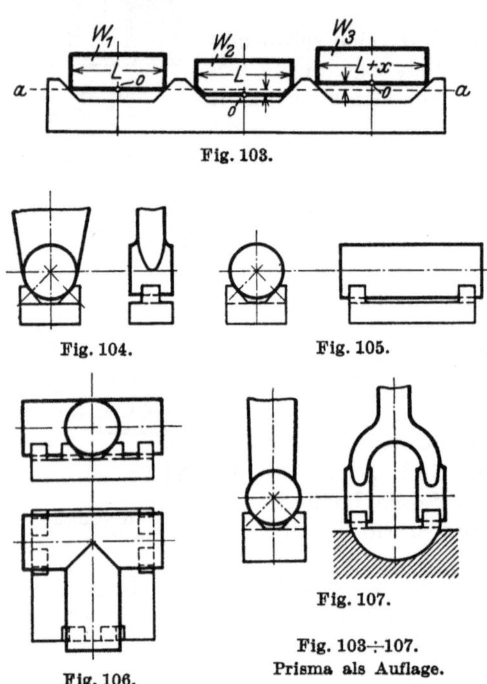

Fig. 103.

Fig. 104.   Fig. 105.

Fig. 107.

Fig. 103÷107.
Prisma als Auflage.

Fig. 106.

D. Druckverteilen und Umlenken.

57. Bedeutung. Nur in wenigen Fällen wird man Schrauben und sonstige Spannmittel direkt auf das Werkstück wirken lassen können. Im allgemeinen muß durch besondere Zwischenorgane der von einer Stelle ausgehende Spanndruck auf mehrere Punkte verteilt werden. Damit das Spannelement stets bequem bedient werden kann, muß auch oft durch geeignete Mittel der Druck in eine andere Richtung umgelenkt oder auch in zwei Einzelkräfte zerlegt werden, die in verschiedenen Richtungen auf das Werkstück wirken. In gegebenen Fällen kann auch gleichzeitig mittels entsprechend durchgebildeter Verteilungsmittel zentriert und bestimmt werden. Im nachfolgenden werden die allgemeingebräuchlichen und auch einige besonderen Mittel und ihre Anwendung erläutert werden.

58. Druckverteilen durch Spanneisen. Spanneisen nennt man die einfachsten Druckverteiler, die man hauptsächlich zum freien Spannen auf den Maschinentischen in behelfsmäßiger und auch in besser durchgebildeter Form, aber auch viel

an Vorrichtungen für massige und starke Teile verwendet, wenn keine Verspannungsgefahr vorliegt. Oft werden sie aber in zu großer Zahl und an verkehrter Stelle
verwendet.

Der Spanndruck wird durch die Spanneisen zu verschiedenen Teilen auf Werkstück und Maschinentisch bzw. Vorrichtungskörper verteilt. Damit der Hauptdruck aber dem Werkstück und somit dem eigentlichen Zweck
zugute kommt, ist das Hebelverhältnis so günstig wie möglich zu wählen, indem die Schraube nahe an das Werkstück,
aber weit von der Unterlage angesetzt wird. Während die
Formen Fig. 108 und 109 besonders zum freien Spannen verwendet werden (Fig. 109 A, B, auch Spannklaue genannt, hat
den besonderen Vorteil, daß man sie bei verschieden starken
Werkstücken ohne besondere Unterlage ansetzen kann), zeigt
Fig. 110 eine gut geeignete Form für
Vorrichtungen. Zu beachten sind die
drei Auflagepunkte.

59. Druckumlenken durch Spanneisen. Fig. 111 und 112 zeigen, wie
man durch eine entsprechende Form
des Spanneisens und der Unterlage den
Spanndruck in die Pfeilrichtung umlenken kann, um das Werkstück nicht
nur auf die Unterlage, sondern auch
gegen die Anschlagleiste zu drücken.

60. Druckumlenken durch Spannkloben und Keilstück. Spannkloben
nennt man solche Hilfsspannmittel, die,
mit einer Schraube versehen, zum Einstellen und
Abfangen der Werkstücke
frei auf Maschinentischen
verwendet werden. Der
Hauptspanndruck wird
dabei meistens durch
Spanneisen in senkrechter
Richtung zum Tisch vermittelt.

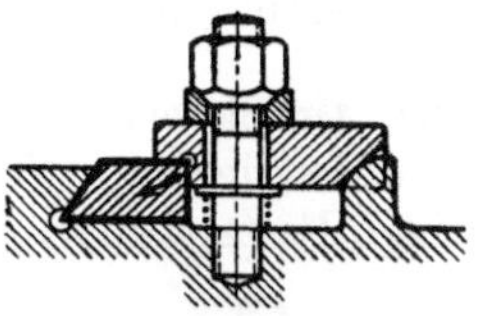

Fig. 113 zeigt nun eine
Anordnung von Spannkloben K und K_1 auf dem
Maschinentisch, wobei der
Spanndruck der Klobenschraube aus der wagerechten in die Pfeilrichtung D mittels der Keilstücke a und b umgelenkt wird. Diese Keilstücke müssen bei c eine

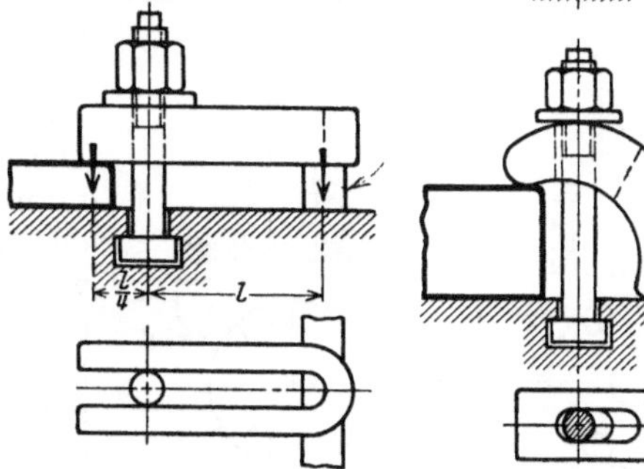

Fig. 108. Gewöhnliches Gabelspanneisen.   Fig. 109. Spannklaue.

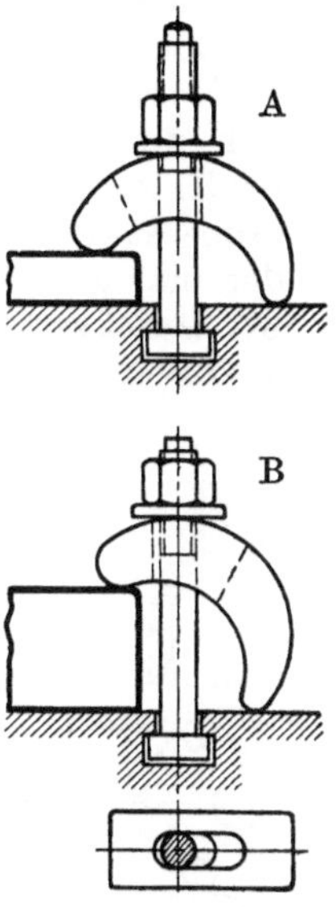

Fig. 111.

Fig. 112.

Fig. 111 u. 112. Spanneisen als Druckumlenker.

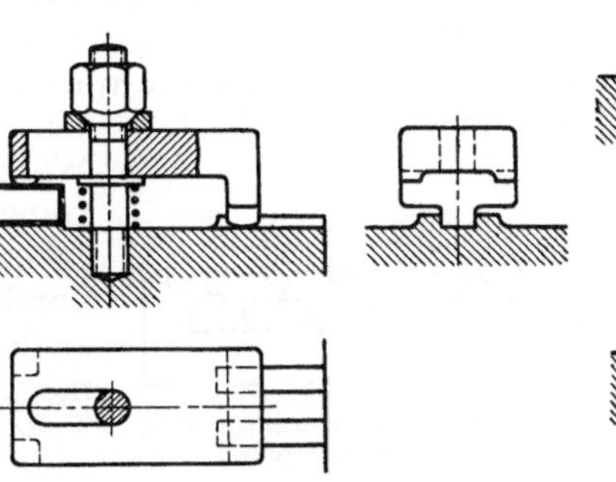

Fig. 110. Sonderspanneisen.

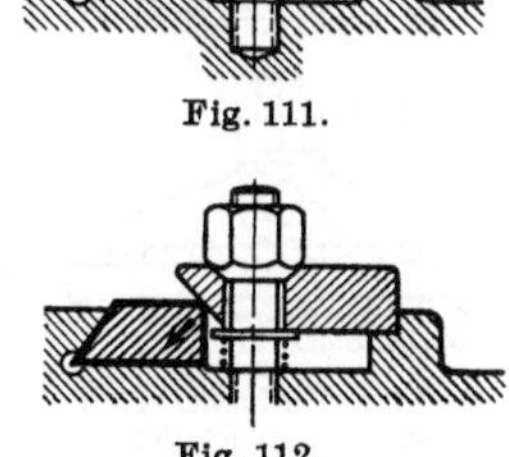

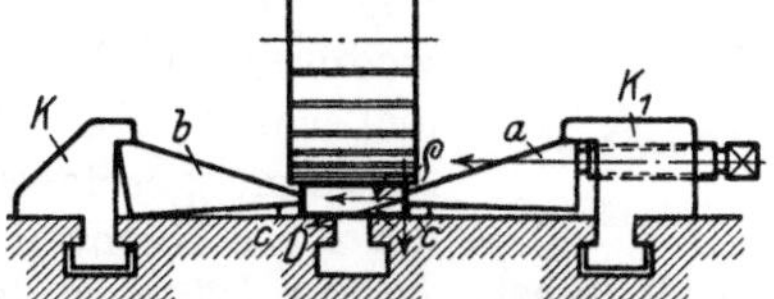

Fig. 113. Spannkolben mit druckumlenkendem Keilstück.

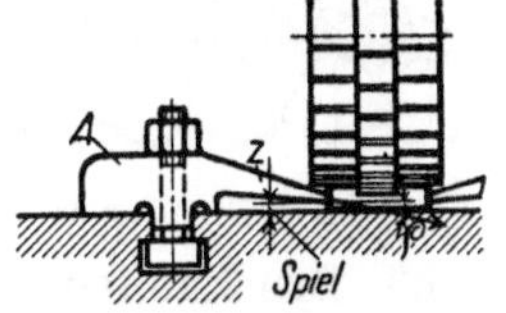

Fig. 114. Anschlag mit federnder Zunge.

elastische Auflage haben, wenn der Druck richtig auf das Werkstück ausgeübt
werden soll. Es können dazu Blattfedern oder auch Gummiplättchen benutzt
werden. Daß der Spanndruck D etwas schräg nach unten gerichtet ist und daher

das Werkstück sowohl gegen den Tisch, wie gegen das Keilstück b drückt, liegt daran, daß beim Anziehen der Spannschraube das Keilstück a sich sowohl ein wenig wagerecht, wie senkrecht vorschiebt, indem er c zusammendrückt. Diese senkrechte Bewegung lenkt die Spannkraft D um den Reibungswinkel ϱ von der Wagerechten ab.

Auf diese Art spannt man vorzugsweise schwache Schienen und Platten, die an der oberen Fläche durchgehend bearbeitet werden sollen und auf die daher keine Spanneisen aufgesetzt werden dürfen.

Soll auch eine Kante des Werkstückes genauer bestimmt werden, so empfiehlt es sich, an Stelle des Klobens K und Keiles b der Fig. 111 den Anschlag A mit federnder Zunge z (Fig. 114) anzuwenden. Indem z sich beim Anziehen der Spannschraube etwas nach unten bewegt, richtet es die Spannkraft aus der Wagerechten wieder um den Reibungswinkel ϱ schräg nach unten.

61. Druckverteilen durch Kugelteller. Läßt man Spannschrauben unmittelbar auf das Werkstück wirken, so können ihre Druckspitzen es beschädigen oder auch durch die Drehwirkung aus seiner richtigen Lage abdrängen. Um das zu verhüten, ordnet man als Zwischenglied Kugelteller an. Diese werden ferner auch angewendet, wenn man bei Spannen Hohlräume überbrücken oder den Spanndruck auf 3 bestimmte Punkte verteilen muß. Das ist besonders bei schwächeren Werkstücken der Fall, die auf drei Stützen aufliegen und leicht zum Verspannnen neigen. Der Spanndruck muß dann genau auf die Stützen geleitet werden.

In Fig. 115 wird eine zwar billige, aber wenig dauerhafte, in Fig. 116 eine haltbare Ausführungsform gezeigt.

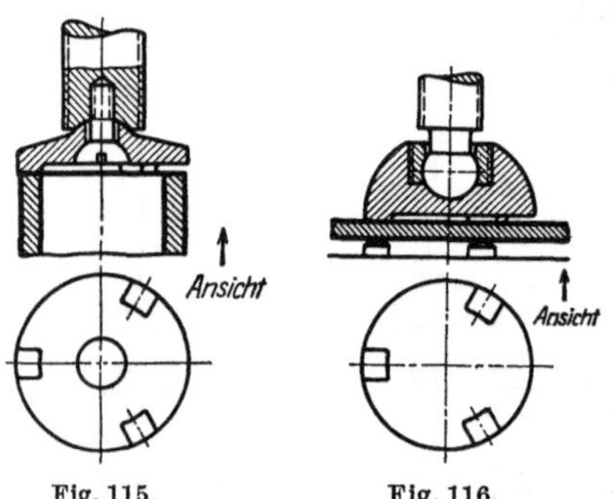

Fig. 115.   Fig. 116.
Fig. 115 und 116.   Kugelteller als Druckverteiler.

62. Druckverteilen durch Hebel. Zweiarmige Hebel nach Fig. 117 verwendet man entweder zum Verteilen des Spanndruckes auf zwei Punkte oder zum gleichzeitigen Festspannen von zwei oder mehr Werkstücken. Wendet man bei mehreren Werkstücken, wie in Fig. 118, keine Druckverteiler an, so ergeben sich nicht nur Nachteile durch Zeitverlust, sondern es ist auch keine Kontrolle darüber möglich, ob auch tatsächlich alle Teile genügend festgespannt sind. Beim Zuspannen jeder einzelnen Schraube gibt nämlich der Spannbügel infolge seiner Elastizität etwas nach, wodurch sich die anderen Spannungen wieder lockern. In Fig. 119 ist ein aus sieben Hebeln zusammengesetzter Druckverteiler gezeigt, der diese Nachteile beseitigt.

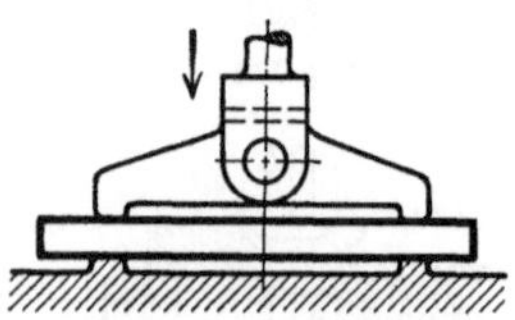

Fig. 117.   Einfacher Hebel
als Druckverteiler.

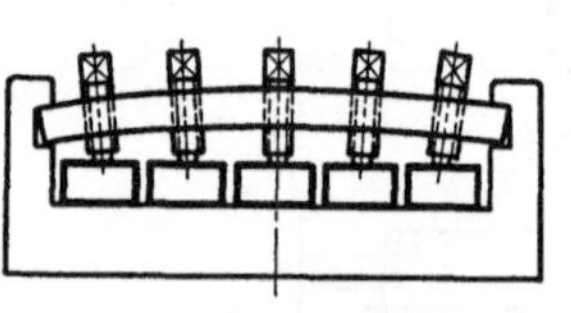

Fig. 118.   Spannen mehrerer Teile
ohne Druckverteiler.

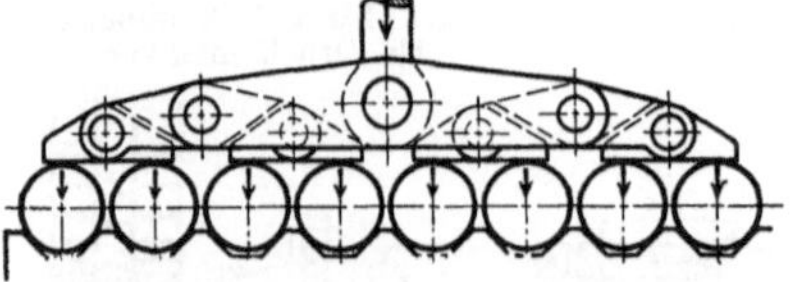

Fig. 119.   Druckverteiler für 8 Werkstücke.

63. Druckumlenken durch Hebel. In Fig. 120 wird der durch die Griffschraube ausgeübte Spanndruck in die entgegengesetzte Richtung umgelenkt. Auch kann der Hebel so in dem Schlitz verschoben werden, daß das Werkstück freigegeben wird.

In Fig. 121 wird durch einen Winkelhebel der wagerecht wirkende Druck in senkrechte Richtung umgelenkt. Mit einer ähnlichen Anordnung (Fig. 122), die sich besonders für den freien Gebrauch auf Maschinentischen eignet, wird der senkrechte Spanndruck in die Richtung D, etwas schräg nach unten, umgelenkt. Der Grund dafür, daß D nicht wagerecht, sondern etwas schräg gerichtet ist, liegt darin, daß beim Anziehen der Spannschraube a die Spannfläche b des Hebels sich um den Bolzen c drehend, nach dem Kreisbogen d bewegt, also zugleich etwas wagerecht und senkrecht. Die senkrechte Bewegung unter Druck lenkt die wagerechte Druckkraft um den Reibungswinkel ϱ ab.

64. Druckverteilen und Umlenken durch Hebel. In Fig. 123 wird der Spanndruck durch einen Winkelhebel umgelenkt und in zwei Richtungen auf zwei

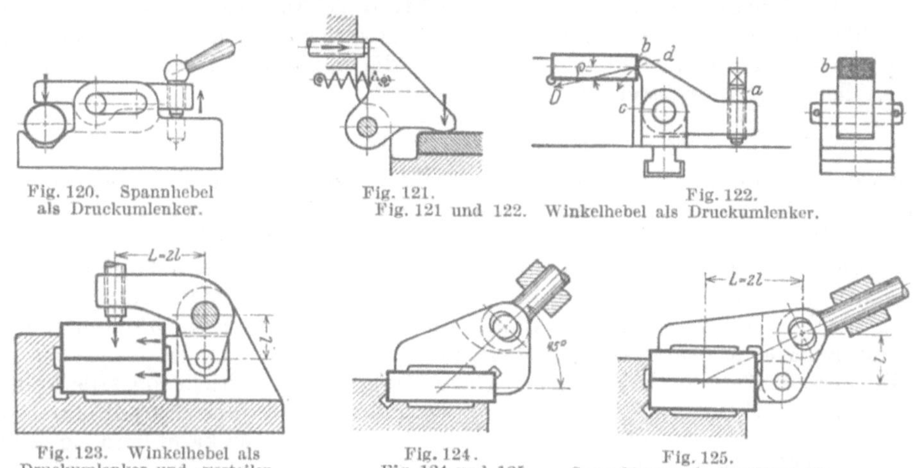

Fig. 120. Spannhebel als Druckumlenker.

Fig. 121.
Fig. 121 und 122. Winkelhebel als Druckumlenker.

Fig. 122.

Fig. 123. Winkelhebel als Druckumlenker und -verteiler.

Fig. 124.
Fig. 124 und 125. Spannklauen als Druckverteiler.

Fig. 125.

Werkstücke verteilt, wobei noch ein besonderer Zweipunktverteiler verwendet worden ist. Wenn der Druck, wie in diesem Falle, auf allen drei Punkten annähernd gleich sein soll (was meist zweckmäßig ist), so muß das Hebelverhältnis demgemäß gewählt werden, d. h. es muß $= L : l = n$ sein, wenn n die Anzahl der Werkstücke bedeutet.

65. Druckverteilen durch einfache und kombinierte Spannklauen. Durch Spannklauen kann der Spanndruck in zwei verschieden gerichtete Einzelkräfte zerlegt werden, deren Verhältnis zueinander ungefähr nach der Richtung des etwa auftretenden Gegendruckes (Schnittdruck) zu bestimmen ist. Die Spannklaue ist als Winkelhebel am Spannelement angelenkt, das gut geführt werden muß, da die Spannrichtung maßgebend ist für das Verhältnis der zerlegten Spannkräfte zueinander. In Fig. 124 wird nur ein Werkstück gespannt. Die Einzelkräfte sind hierbei wieder etwa gleich groß gewählt, so daß sich aus

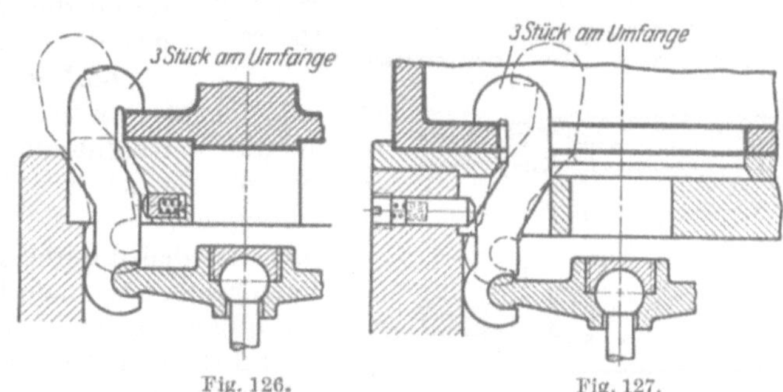

Fig. 126.

Fig. 127.

Fig. 126 und 127. Kugelteller mit Zughaken als Druckverteiler.

ihnen eine Kräftequadrat ergibt, dessen Diagnonale die Richtung der resultierenden Kraft anzeigt. In Fig. 125 sind zwei Werkstücke gespannt, und es ist darum die Spannkraft im Verhältnis $1:2$ zerlegt worden. Es ergibt sich also

ein Kräfterechteck, dessen Seiten sich wie 1 : 2 verhalten. Die Resultierende der
Spannkräfte muß ungefähr den Schwerpunkt des zu spannenden Stückes oder
Blockes schneiden.

66. Druckverteilen durch Kugelteller mit Zughaken. Die Konstruktionen
Fig. 126 und 127 eignen sich besonders für Einzelrundbearbeitungsvorrichtungen.
Fig. 126 zeigt eine Außen- und Fig. 125 eine Innenspannung. Die Druckverteilungs-
organe sind ein am Spannorgan durch Kugelgelenk befestigter Teller und drei
in diesen eingreifende Zughaken. Das Besondere liegt darin, daß die Zughaken
durch entsprechende Anordnung im Vorrichtungsgehäuse sich selbsttätig öffnen
und schließen, um das Werkstück freizugeben bzw. es zu fassen. Statt drei können
auch nur zwei Zughaken verwendet werden, die mit einem Hebel an Stelle des
Kugeltellers verbunden werden.

E. Verschließen.

An den Spannvorrichtungen müssen recht häufig einzelne Teile, wie Spannbügel und Bohrplatten, beweglich angeordnet werden, damit das Werkstück
bequem eingelegt werden kann. Manchmal wird es sich auch nicht vermeiden
lassen, daß Verschlußdeckel gänzlich entfernt werden müssen, wenn die Vorrichtung
beladen werden soll. Das Festlegen dieser Teile in ihrer Normalstellung soll hier
mit „Verschließen" bezeichnet werden. Es muß unter allen Umständen schnell
und oft auch sehr genau erfolgen können.

67. Verschließen durch Vorreiber. Haben angelenkte Vorrichtungsteile keinen
nennenswerten Gegendruck auszuhalten, wie z. B. Bohrplatten, die nur zur Aufnahme der Bohrbüchsen dienen, so kann man sie in der
Arbeitsstellung durch einfache Vorreiber nach Fig. 128
verschließen. In der Regel müssen sie aber noch einen
besonderen Griff zum Aufklappen haben. Bezüglich
der Zuverlässigkeit und Genauigkeit dürfen jedoch keine
hohen Anforderungen gestellt werden.

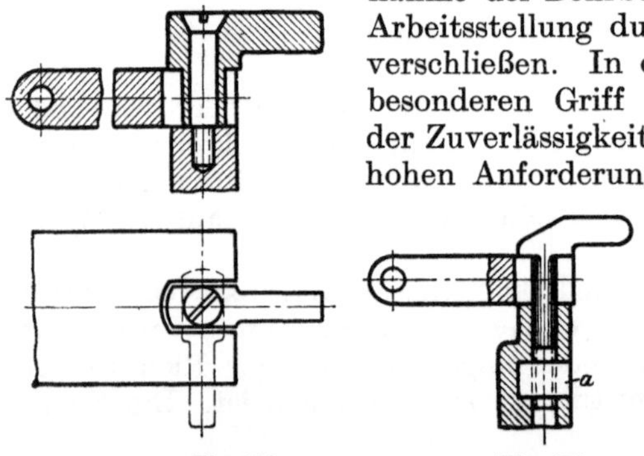

Eine in dieser Hinsicht bessere,
aber auch teurere Konstruktion zeigt
Fig. 129, durch die die Platte nicht
nur verschlossen, sondern auch festgespannt wird. Ein besonderer Vorteil ist auch die Nachstellbarkeit
durch die Mutter a, die im Gehäuse
gegen Verdrehen gesichert ist.

Fig. 128.   Fig. 129.
Fig. 128 und 129.   Verreiberverschlüsse.

68. Verschließen durch Federbolzen.
Müssen Bohrplatten sehr genau festgelegt werden,
so ist die Verschlußanordnung nach Fig. 130 zu
empfehlen, die zwar etwas teuer, aber durchaus
zuverlässig ist.

69. Verschließen durch Kurvenhebel und Klinken.
Das Verschlußmittel nach Fig. 131 gehört zwar nicht
zu den billigsten, ist aber sehr praktisch zu handhaben und daher für Dauervorrichtungen für untergeordnete Zwecke sehr zu empfehlen. Da eine ge-

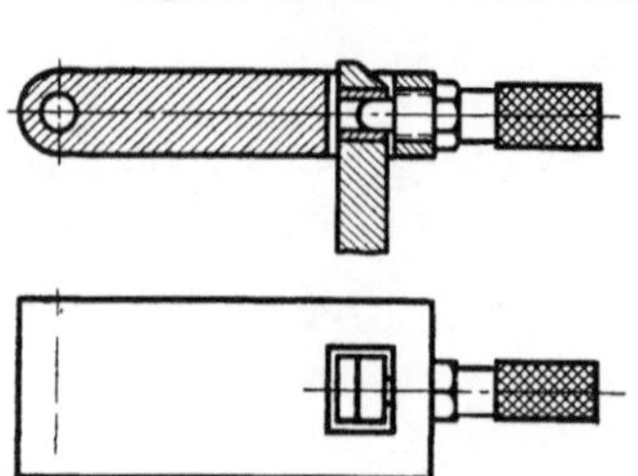

Fig. 130.   Federbolzenverschluß.

naue Höhenlage der Klappe nicht bestimmt wird,
da diese auch verschlossen werden kann, wenn sich Späne eingeklemmt haben,
so ist diese Konstruktion zum Verschließen von Bohrplatten nicht zuverlässig
genug, sondern mehr zum Spannen geeignet.

Die ähnliche Klinkenkonstruktion Fig. 132 ist weniger zum Spannen, sondern vielmehr zum Bestimmen geeignet, besonders dann, wenn zu bearbeitende Oberflächen am Werkstück vorher bestimmt werden müssen.

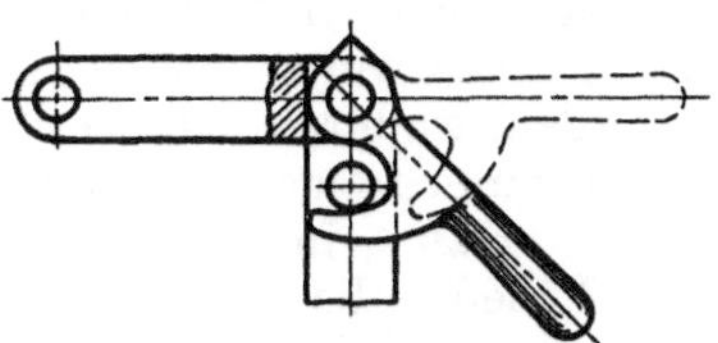

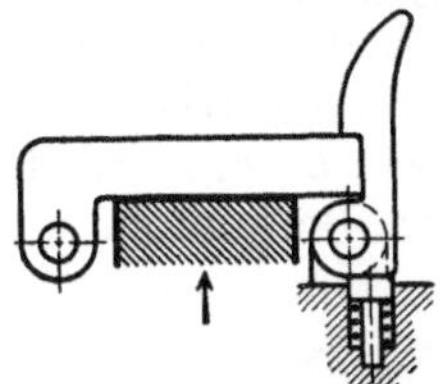

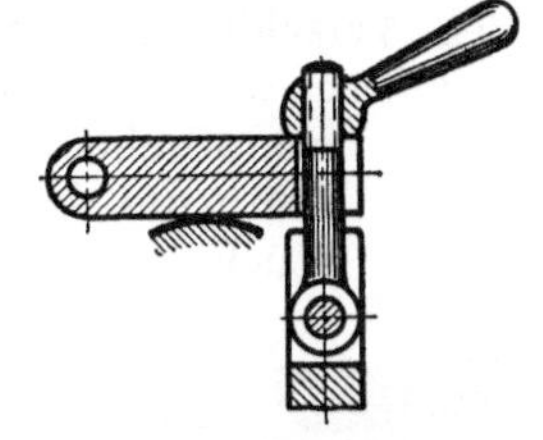

Fig. 131. Kurvenhebelverschluß.　　Fig. 132. Klinkenverschluß.　　Fig. 133. Klappschraubenverschluß.

70. Verschließen durch Klappschraube. Klappschrauben verwendet man auch meistens zum Spannen und verschließt damit Spannbügel, die man unmittelbar auf das Werkstück wirken läßt (Fg. 133). Vielfach werden sie unzweckmäßig an Stellen angewandt, wo man mit einfacheren Mitteln schneller zum Ziel kommt. Besonders ungeeignet sind sie zum Verschließen von Bohrplatten.

71. Verschließen durch Schwenkriegel. Die Konstruktion Fig. 134 ist sehr geeignet zum Verschließen von Bohrplatten an genaueren Bohrspannvorrichtungen. Der Handgriff eignet sich auch gleichzeitig zum Herumschwenken der Platte.

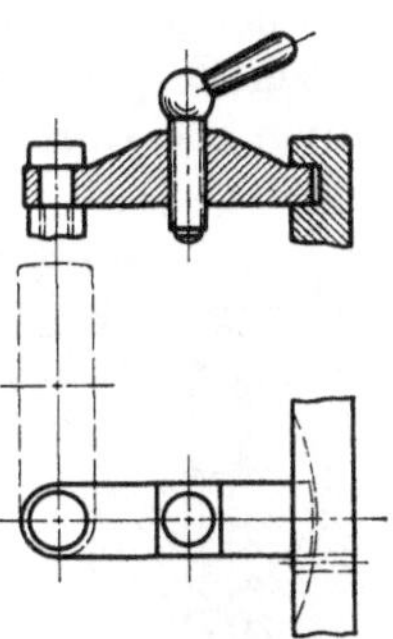

Fig. 134.

In Fig. 135 und 136 werden Spannbügel unmittelbar als Riegel benutzt, indem sie seitlich herumgeschwenkt werden. In einem Falle wird das Vorrichtungsgehäuse selbst, im anderen ein besonderer Kopfbolzen als Gegenhalter verwendet.

72. Verschließen durch Schubriegel. In Fig. 137 ist ein Spannbügel als Schubriegel ausgebildet, der auf einem Gelenkbolzen verschoben und auch geschwenkt wird.

73. Bajonettartiges Verschließen. Der bajonettartige Verschluß kann ange-

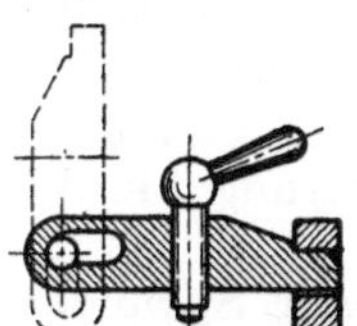

Fig. 137. Schubriegelverschluß.

Fig. 135.

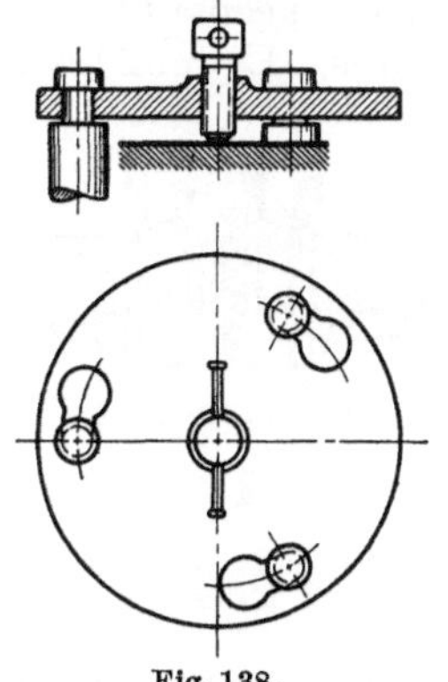

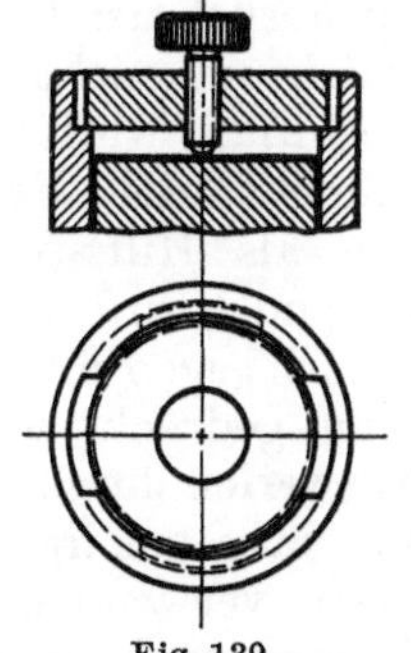

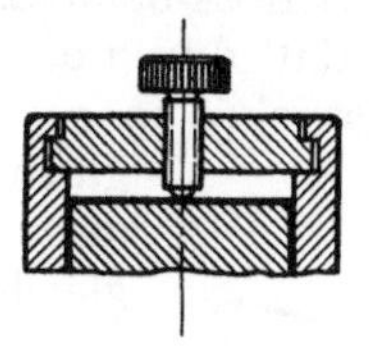

Fig. 138 und 139.

Bajonettverschlüsse.

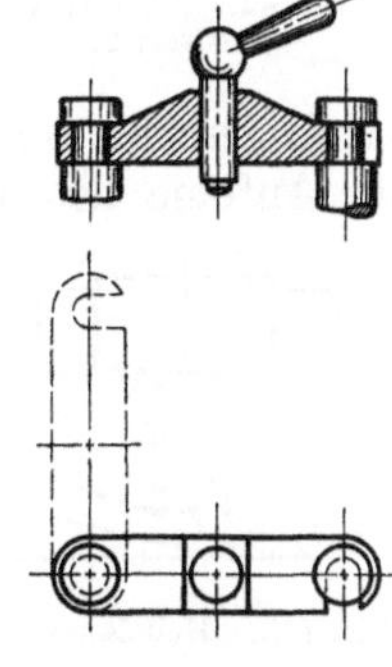

Fig. 138.　　　　　Fig. 139.

Fig. 136.
Fig. 134÷136. Schwenkriegelverschlüsse.

wendet werden, wenn Vorrichtungsteile beim Beladen der Vorrichtung gänzlich entfernt werden müssen, wie runde Verschlußdeckel oder Bohrplatten. In Fig. 138

und 139 sind zwei Beispiele wiedergegeben, die in zahlreichen Fällen verwendet werden können. In Fig. 138 wird der Deckel durch Bolzen aufgenommen, in Fig. 139 dagegen unmittelbar durch das Vorrichtungsgehäuse.

74. Verschließen durch Schlitzscheiben. Der Verschluß nach Fig. 140 wird erforderlich, wenn ein Werkstück durch Paßbolzen aufgenommen wird. Die Verschlußscheibe a, die natürlich auch zum Spannen verwendet wird, kann um den Bolzen b herumgeschwenkt werden, wodurch das Werkstück, das über den Bolzenkopf hinweggleiten kann, freigegeben wird.

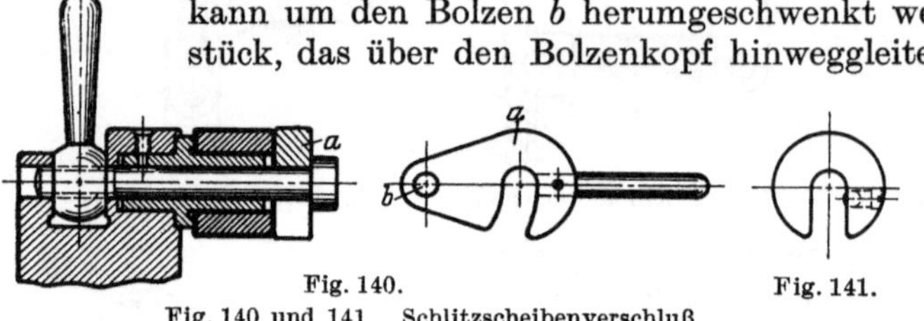

Fig. 140.

Fig. 141.

Fig. 140 und 141. Schlitzscheibenverschluß.

Kann in besonderen Fällen die Verschlußscheibe nirgends angelenkt werden, so ist sie am zweckmäßigsten nach Fig. 141 auszubilden. Es ist hier ein Kugelfeststeller vorgesehen, der verhindern soll, daß die Verschlußscheibe beim Lösen der Spannung herunterfallen kann. Steht der Bolzen jedoch senkrecht, so kann auf diese Einrichtung verzichtet werden.

F. Auswerfen.

An Spannvorrichtungen aller Art werden manchmal besondere Organe zum Auswerfen der Werkstücke angeordnet. Das geschieht hauptsächlich für kleinere Teile, bei denen die Gesamtbearbeitungszeiten so gering sind, daß auch die geringsten Ersparnisse an den Spannzeiten die Gesamtzeiten wesentlich verkürzen. Können also durch Auswerfen in solchen Fällen auch nur ganz geringe Ersparnisse am Einzelstück erzielt werden, so macht sich ihre Anordnung doch bald bezahlt. Ganz abgesehen von diesen Zeitersparnissen müssen die Auswerfer oft aus zwingenden Gründen vorgesehen werden, wenn die Werkstücke ohne weiteres nicht aus der Vorrichtung entfernt werden können oder wenn damit eine körperliche Erleichterung für den Arbeiter erreicht werden kann.

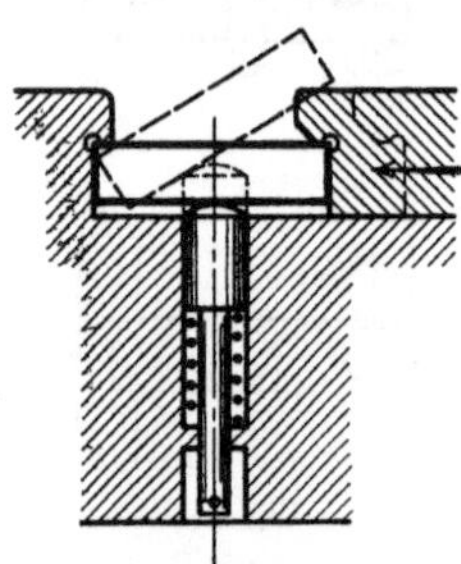

Fig. 142. Selbsttätiger Auswerfer.

75. Selbsttätiges Auswerfen. An kleineren Spannvorrichtungen ordnet man in der Regel selbsttätige Auswerfer nach Art der Fig. 142 an. Ein unter Federdruck stehender Bolzen wird beim Einlegen des Werkstückes gespannt und wirft es beim Losspannen selbsttätig hinaus. Es muß aber dafür gesorgt werden, daß durch den Gegendruck der Feder die Auflage des Werkstückes in der Vorrichtung nicht ungünstig beeinflußt wird, sondern vielmehr die Feder gleichzeitig als Hilfsspannmittel verwendet wird, wobei das Werkstück gegen ein Verschlußorgan gedrückt wird.

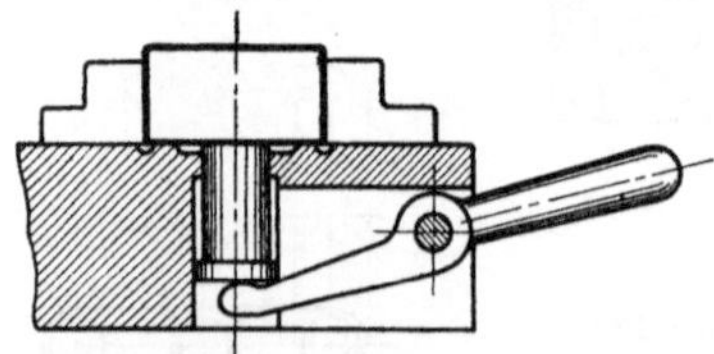

Fig. 143. Hebelauswerfer.

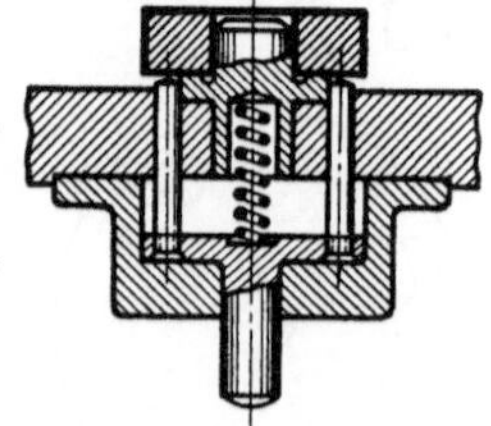

Fig. 144. Auswerfer für Lochkörper.

76. Auswerfen durch Hebel. Kann man aus irgendeinem Grunde keine Federn zum Auswerfen verwenden, so muß es von Hand geschehen, wenn besondere Kraftmittel anzuordnen nicht lohnend erscheint. Man verwendet dann in der Regel Handhebel, etwa wie in Fig. 143.

In Fig. 144 wird gezeigt, wie etwa das Zwischenorgan ausgebildet werden muß, wenn das Werkstück durch eine zentrische Bohrung aufgenommen ist und ausgeworfen werden soll. Die Auswerferhebel können für Hand- oder Fußbetrieb eingerichtet werden.

77. Auswerfen durch Schrauben. Wird ein Werkstück durch Paßbolzen aufgenommen (zentriert), so muß damit gerechnet werden, daß es bisweilen so stramm auf diesem sitzt, daß es nur durch einen größeren Druck von ihnen abgestreift werden kann. Es empfiehlt sich dann, die Anordnung Fig. 145 zu wählen, die auch für schwerere Teile besonders gut geeignet ist. Die Schraube muß ein sehr steiles Gewinde erhalten, bei schweren Teilen trotzdem aber noch Selbsthemmung haben, damit nach dem Ausheben des Werkstückes beide Hände zum Entfernen frei werden.

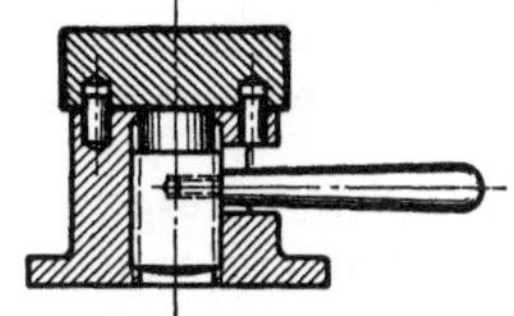

Fig. 145. Schraubenauswerfer.

78. Auswerfen durch Preßluft. Preßluft ist ebenso wie zum Spannen auch zum Auswerfen vorzüglich geeignet. Jedoch wird sich die Einrichtung nur bei schwereren Teilen lohnen, und sonst nur, wenn sie mit den einfachsten Mitteln möglich ist. Wird an einer mit Preßluft betätigten Spannvorrichtung ein Auswerfer benötigt, so wird man ihm natürlich auch durch Preßluft bewegen. In der Regel dürften sich auch keine konstruktiven Schwierigkeiten ergeben.

G. Teilen und Feststellen.

79. Bedeutung. Schwenkbare oder auch auf andere Art bewegliche Vorrichtungen, besonders aber Teilvorrichtungen, müssen mit Einrichtungen versehen werden, durch die die zu verstellenden Vorrichtungsteile in den einzelnen Arbeits- oder Teilstellungen genau und schnell festgelegt werden können. Diese Einrichtungen bestehen aus dem mit Rasten oder Teilungslöchern versehenen Organ, das an Teil- und Schwenkvorrichtungen mit Teilscheibe bezeichnet wird, und dem Feststellmittel, kurz Feststeller genannt. Als Feststeller verwendet man oft sogenannte Rastenklinken oder auch Federbolzen, und für untergeordnete Zwecke auch Federkugeln und einfache kegelige Paßstifte.

80. Teilungsfehler beim Feststellen. Auch an den aufs genaueste ausgeführten Teil- und Feststelleinrichtungen muß mit Teilungsfehlern gerechnet werden, die um so größer sind, je weniger bestimmte Richtlinien bei der Konstruktion beobachtet worden sind. Sowohl Rastenklinken, als auch Federbolzen werden oft kegelig ausgeführt, damit sie leicht und spielfrei einschnappen. Dadurch wird aber eine Fehlerquelle geschaffen, die das Teilen ganz erheblich verschlechtern kann, wenn nicht genannte Einrichtungen durchaus sicher gegen Schmutz und Späne geschützt werden können. In Fig. 146 ist in übertriebener Weise dargestellt, welche Teilungsfehler entstehen können, wenn sich einseitig Fremdkörper festsetzen. Großer Schaden kann angerichtet

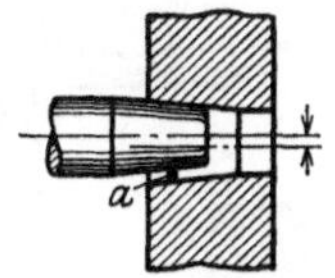

Fig. 146.

werden, wenn Vorrichtungen, die bis dahin einwandfrei gearbeitet haben, plötzlich auf diese Weise eine Reihe von Fehlstücken liefern.

Ist es also nicht möglich, die fraglichen Organe zu schützen, so muß, um derartigen Fällen vorzubeugen, die zylindrische Form gewählt werden. Hier eingedrungene Fremdkörper können niemals Fehlstücke verursachen, denn sie werden entweder fortgeschoben oder verhindern ein Einschnappen überhaupt und auch ein Anschnäbeln. Man wird also gezwungen, vor der Weiterarbeit die betreffenden Teile zu säubern. Größere Teilungsfehler als solche, die durch das Spiel des Feststellers in den Rasten bzw. in den Teilungslöchern hervorgerufen werden, können daher niemals entstehen. Selbstverständlich muß sich das Spiel innerhalb der für das Werkstück zugelassenen Grenzen bewegen. Im übrigen kann man Teilungsfehler an Schwenk- und Teilvorrichtungen dadurch vermindern, daß man die Teilscheiben so groß wie möglich bemißt.

81. Feststellen durch Rastenklinken. In Fig. 147 ist eine bekannte Form der Rastenklinken wiedergegeben, wie sie häufig am äußeren Umfange von Teilscheiben angeordnet werden.

82. Feststellen durch Federbolzen. Die Federbolzenfeststeller werden in den mannigfachsten und willkürlichsten Formen und oft recht schlecht und

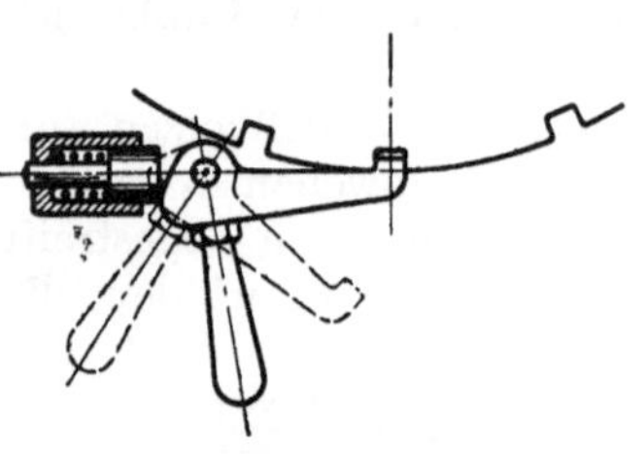

Fig. 147.   Rastenklinkenanordnung.

unpraktisch ausgeführt. Es ergeben sich dadurch im Betriebe häufig Mißstände und Zeitversäumnisse, die bei Auswahl einer bewährten praktischen Form vermieden werden können. Nach der Bedienungsart werden zunächst zwei Grundformen unterschieden.

a) Zugfeststeller. Diese Bezeichnung ist gewählt worden, weil hierbei der Federbolzen von Hand gezogen wird. Die Konstruktionen Fig. 148 und 149, die beide gleich häufig anzutreffen sind, unterscheiden sich im wesentlichen nur dadurch, daß die eine einen Knopf, die andere einen Handgriff hat. Die erste Konstruktion ist zwar billiger, aber weniger praktisch. Klemmt nämlich der Bolzen im Teilungsloch oder hat er sich darin festgesaugt, so muß man ihn durch Drehen zunächst etwas lockern, um ihn leichter herauszuziehen zu können. Das läßt sich an einem gekordelten Handgriff natürlich leichter als an einem Knopf ausführen. Weiter kann der Griff viel besser

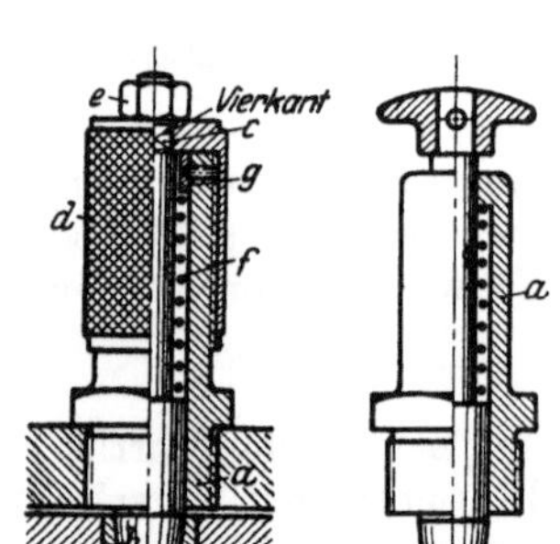

Fig. 148.   Fig. 149.
Fig. 148 und 149.   Zugfeststeller.

als Schwenkkurbel an Schwenkvorrichtungen verwendet werden als die Knopfkonstruktion. Die in die Vorrichtung einzuschraubende Hülse muß ein durchgehendes glattes Loch haben, damit durch ein darin geführtes Werkzeug das Teilungsloch nachreguliert werden kann.

b) Hebelfeststeller (Fig. 150). Sie sind vorzugsweise bei schweren Vorrichtungen zu verwenden, die recht kräftige Feststeller brauchen. Ein besonderer Vorteil ist der, daß sie Selbsthemmung haben, wodurch beide Hände zum Schwen-

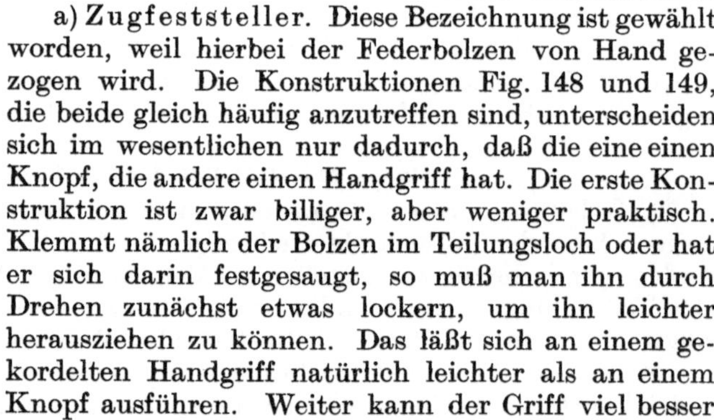

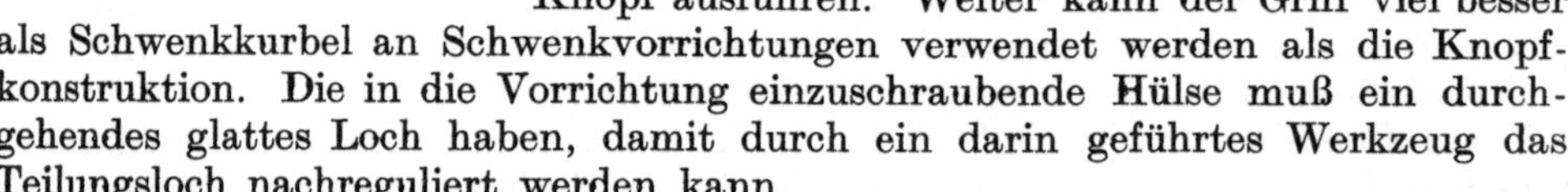

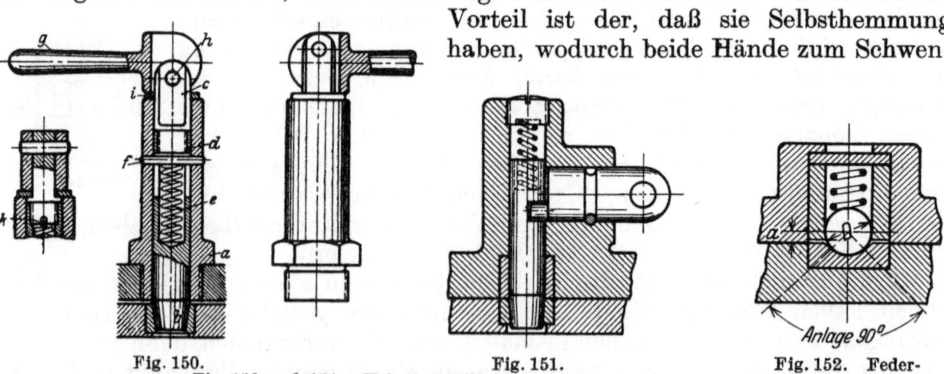

Fig. 150.   Fig. 151.   Fig. 152.   Feder-
Fig. 150 und 151.   Hebelfeststeller.   kugelfeststeller.

ken der Vorrichtung frei werden. Das Hauptteil, die Hülse, zeigt dieselbe Form wie in Fig. 148, was ein Vorzug im Sinne der Vereinheitlichung ist.

Eine Ausführung für besondere Fälle zeigt Fig. 151, wobei der Federbolzen auch durch Exzenter bewegt wird.

83. Feststellen durch Federkugel. An kleineren Vorrichtungen können häufig die völlig selbsttätig arbeitenden Kugelfeststeller nach Fig. 152 verwendet werden, wenn keine hohe Genauigkeit verlangt wird und keine großen Kräfte auftreten.

H. Einstellen der Werkzeuge und Messen.

An allen Arten der Spannvorrichtungen werden oft Einrichtungen benötigt, um die Werkzeuge auf einfachste und zuverlässigste Art einstellen zu können und um das Messen zu vereinfachen oder überhaupt überflüssig zu machen. An den Rundbearbeitungsvorrichtungen genügen meistens schon kleine, besonders abgerichtete Bezugsflächen, von denen aus man unmittelbar oder mit Hilfe von Maßklötzen die Werkzeuge einstellen kann. Auch bei den Langbearbeitungsvorrichtungen kann man auf diese Art vorgehen, wenn gerade Flächen zu bearbeiten sind. Sind dagegen bestimmte Profile oder Kanten und Nuten einzuarbeiten, so müssen Schablonen an den Vorrichtungen angeordnet werden, die der herzustellenden Form entsprechen und nach denen die Fräser oder Schneidstähle eingestellt werden können. An den Bohrspannvorrichtungen können erforderlichenfalls Bezugsflächen für Lochtiefen oder Warzenhöhen durch Randbohrbüchsen geschaffen werden. In besonderen Fällen wird man aber auch hier andere Einrichtungen benötigen.

84. Einstellen der Werkzeuge von einer Bezugsfläche. In Fig. 153 ist an einer Rundbearbeitungsvorrichtung gezeigt, wie der Schneidstahl unmittelbar an einer Bezugsfläche in axialer Richtung eingestellt wird. Die Fläche muß, um nicht verändert zu werden, natürlich glas-

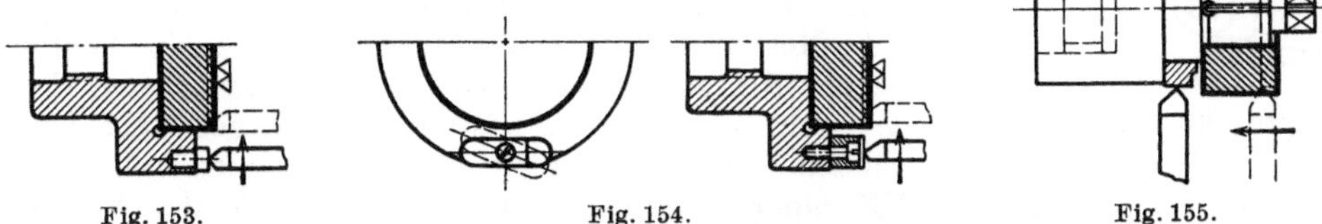

Fig. 153. Fig. 154. Fig. 155.
Fig. 153÷155. Einstellen des Schneidstahls an Bezugsfläche.

hart sein. Für weniger genaue Einstellung genügt diese Art. Sehr fein und genau können Werkzeuge jedoch nur mit Hilfe eines beweglichen Zwischengliedes, eines Maßklotzes, eingestellt werden. Man kann dazu gewöhnliche Maßklötze verwenden. Besser ist es jedoch, sie in einer besonderen Ausführung, wie in Fig. 154, an der Vorrichtung so anzulenken, daß sie zwischen Schneidstahl und Bezugsfläche hindurch geschwenkt werden können (wenn sie sonst nicht hinderlich sind).

In Fig. 155 wird der Schneidstahl in radialer Richtung eingestellt. Es ist für den Zweck ein Ring mit dem herzustellenden Außendurchmesser vorgesehen, der beim Einstellen auf der Vorrichtung leicht gedreht werden kann.

Fig. 156 zeigt das Einstellen eines Fräsers durch Maßklotz an einer Langbearbeitungsvorrichtung. Der Maßklotz darf hierbei nicht zu niedrig gewählt werden, da er sonst schlecht gehalten und bewegt werden kann.

Fig. 156. Einstellen des Fräsers durch Maßklotz.

85. Einstellen der Werkzeuge durch Klapplehren. Beim Arbeiten mit Scheiben- und Profilfräsern ist das Einstellen etwas schwieriger, denn es müssen sowohl die Tiefe, als auch die Seiten bestimmt werden. Man verwendet dafür zweckmäßig geformte Klapplehren, die so an die Vorrichtungen angelenkt werden, daß sie nach dem Einstellen fortgeklappt werden können. Sie dürfen aber nicht aus einem Stück hergestellt werden, sondern es ist für das Einstellen weit praktischer, wenn sie mehrteilig sind, wie in Fig. 157, damit mit den einzelnen

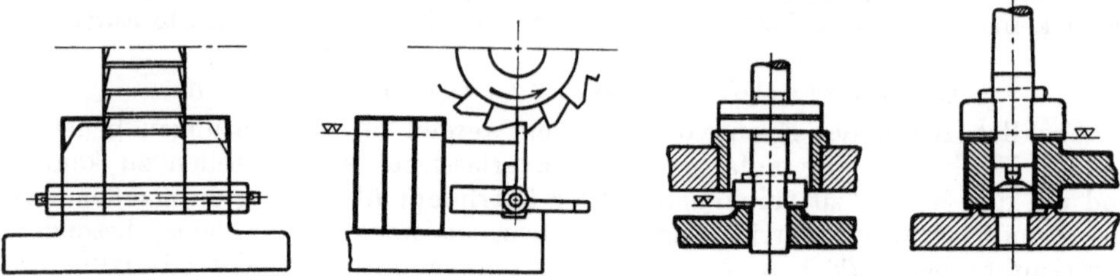

Fig. 157. Einstellen des Fräsers durch Klapplehren.

Fig. 158.   Fig. 159.
Fig. 158 u. 159. Anschläge für Bohrwerkzeuge.

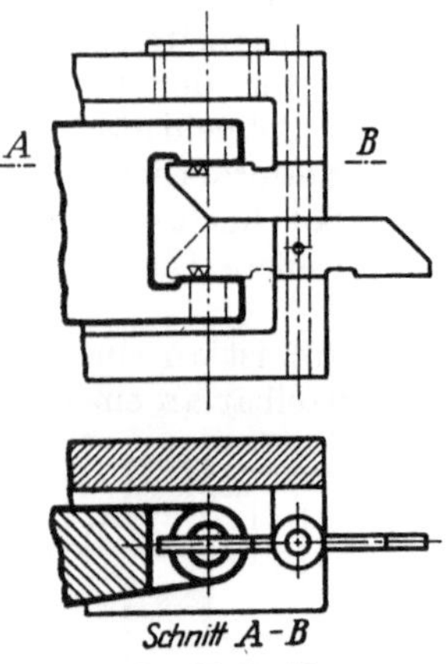

Schnitt A-B

Fig. 160. Nachprüfen
durch Schwenklehren.

Teilen nacheinander Tiefe und Seiten der Fräser eingestellt werden können. Für die Hobelmaschine können die Lehren auch einteilig sein.

86. Bezugsflächen als Anschläge für Bohrwerkzeuge. An Bohrspannvorrichtungen müssen häufig Bohr- und Abflächwerkzeuge durch Anschläge begrenzt werden, damit durch das Messen keine Zeit versäumt wird. Das geschieht in üblicher Weise durch Anschlag an den oberen Stirnflächen von Randbohrbüchsen (Fig. 158). Wird aber nur abgeflächt, so kann man in Ermangelung der Bohrbüchsen das Werkzeug auch auf dem Zentrierzapfen anschlagen lassen, wie in Fig. 159.

87. Messen durch schwenkbar angeordnete Lehren. Die Konstruktion Fig. 160 wird oft an Bohrspannvorrichtungen sehr gute Dienste leisten, denn sie gestattet, beim Abflächen von Lochwarzen an Gabelstücken sofort das Ergebnis nachzuprüfen. Mit einer zweiteiligen Lehre kann jede der Flächen einzeln und die lichte Weite durch beide Lehren zusammen nachgemessen werden. Es soll so hauptsächlich nur kontrolliert werden, ob Anschläge und Werkzeuge noch in Ordnung sind.

J. Führen der Bohrwerkzeuge.

Nachfolgend beschriebene Einrichtungen, hauptsächlich die Bohrbuchsen, sind nur bei den Bohrspannvorrichtungen erforderlich, die hierdurch gekennzeichnet werden. Sie dienen dazu, um Bohrwerkzeuge, wie Spiralbohrer, Senker, Reibahlen und Bohrstangen, beim Bohren an den durch die Vorrichtung bestimmten Stellen zwangläufig zu führen. Es wird auch oft angenommen, daß den Werkzeugen durch die Bohrbüchsen die richtige Richtung gewiesen werde. Das ist bei normaler Länge jedoch nur bedingt der Fall, und zwar dann, wenn sie mit der Bohrmaschinenspindel und den Werkzeugen genau fluchten. Die geringsten Abweichungen zwängen die Werkzeuge aber in eine andere Richtung. Anders verhält es sich jedoch, wenn die Buchsen in besonderen Fällen so lang bemessen werden, daß sich die Werkzeuge nicht schief stellen können.

Die Grundform der Bohrbuchsen ist genormt: Die Einführungskante muß stark abgerundet und die Innenfläche hart sein. Die Außenform ist für gewöhnliche Fälle auch festgelegt, jedoch muß in zahlreichen Fällen davon abgewichen werden,

ebenso von der üblichen Befestigungsart. Grundsätzlich dürfen Bohrbuchsen
niemals an Vorrichtungsteilen angeordnet werden, die infolge der Einwirkung
von Spannkräften durchfedern oder allmählich eine gekrümmte Form annehmen
können, wie es in Fig. 161 übertrieben dargestellt ist. Dadurch würden sich
natürlich auch die Buchsen schief einstellen, die
Bohrwerkzeuge beschädigen und selbst in kür-
zester Zeit unbrauchbar werden. Müssen einmal ausnahmsweise Bohrbuchsen in Spannbügeln
untergebracht werden, so sind diese so kräftig
zu bemessen, daß sie ausmeßbar nicht durchfedern.

88. Normale Festbohrbuchsen. Diese in Fig. 162
dargestellten und nach DIN 179 und 180 genormten
Bohrbuchsen werden hauptsächlich zum Bohren

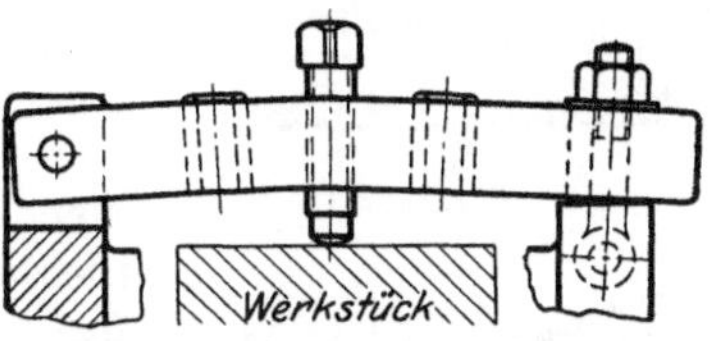

Fig. 161. Falsch angeordnete
Bohrbuchsen.

von Löchern untergeordneter Bedeutung verwendet, die in einem Zuge fertiggestellt
werden, also für Schrauben-, Niet- und Gewindekernlöcher. Außen werden sie
zylindrisch und auch kegelig hergestellt. Es ist eine Streitfrage, was besser ist.
Tatsache ist, daß manche große Firmen die kegelige Form
allgemein eingeführt haben, andere jedoch die zylindrische
bevorzugen. Befestigt werden die Festbohrbuchsen lediglich
dadurch, daß sie stramm in das Vorrichtungsgehäuse eingetrieben werden. Sie ziehen sich dabei in der Regel etwas
zusammen, so daß sie mit einem Schleifdorn nachreguliert

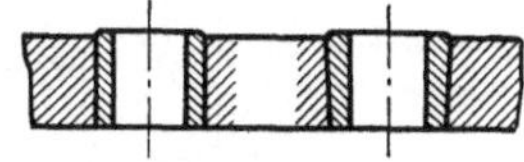

Fig. 162. Normale Festbohrbuchsen.

werden müssen. Dieser lästigen und zeitraubenden Arbeit kann dadurch vorgebeugt
werden, daß sie gleich etwas größer hergestellt werden. Wenn es sich nicht ausnahmsweise um genaue Paßlöcher handelt, kann je nach Größe 0,1÷0,3 mm zu-
gegeben werden. Diese Maßnahme ist auch mit Rücksicht auf die Unterschiede
erforderlich, die handelsübliche Spiralbohrer aufweisen.

89. Verlängerte Bohrbuchsen. Die Fälle sind recht zahlreich, daß normale
Festbohrbuchsen beim besten Willen des Konstrukteurs nicht ohne weiteres
anwendbar sind. Die Werkstücke können so unzugänglich sein, daß die vielfache
Länge normaler Buchsen benötigt wird, um nahe genug heranzukommen. Wenn
es angängig ist, kann man dann mehrere Buchsen übereinander anordnen. Andernfalls müssen besondere Buchsen angefertigt werden. Häufig werden Verlängerungen
nach Fig. 163 verwendet, die mit normalen Buchsen versehen werden, besonders
dann, wenn es sich um größere Abmessungen handelt. Diese Form ist meistens
aber unpraktisch, denn die Späne können nicht frei heraustreten und verstopfen
nach dem Herausziehen des Bohrers das Bohrbuchsenloch. Sie darf nur dann
gewählt werden, wenn die Späne entweder bei vorgegossenen Löchern
nach unten herausfallen können, oder wenn aus anderen Gründen die
Vorrichtung umgekippt werden muß, wobei die Späne
von selbst herausfallen. Besser ist es jedoch immer,
wenn der obere Rand der Bohrbuchsen herausragt.

90. Vielloch- und Schwenkbohrbuchsen. Sitzen
mehrere Bohrlöcher so nahe beieinander, daß normale
Bohrbuchsen zusammen keinen Platz haben,
so kann man sie wohl abflachen, um sie dennoch zu
verwenden. Es ist manchmal jedoch schwierig, die
ineinander verlaufenden Aufnahmelöcher herzustellen.
Es ist daher oft ratsamer, Viellochbohrbuchsen nach
Fig. 164 zu verwenden. Aber auch diese können nur bis zu einer gewissen Grenze
ausgeführt werden, denn der Steg a muß genügend stark bleiben. Wird er aber

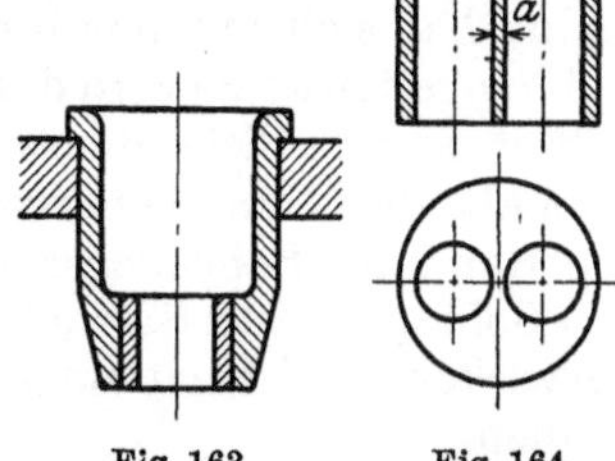

Fig. 163.   Fig. 164.
Verlängerte   Zweiloch-
Bohrbuchse.   bohrbuchse.

so schwach, daß er leicht ausbrechen kann, so ordnet man Schwenkbuchsen an, mit denen dicht nebeneinanderliegende und auch ineinanderlaufende Löcher hergestellt werden können. Die einzelnen Stellungen werden durch einen Feststeller gesichert (Fig. 165 und 166). In beiden Fällen sind die Schwenkbuchsen in gehärteten und in die Vorrichtung eingepreßten Grundbuchsen eingelagert. In Fig. 165 wird die Buchse an dem gekordelten Rand gedreht und mit einem Zugfeststeller gesichert. Nachteilig ist diese Konstruktion gegenüber Fig. 166 insofern, als hier die Buchse mit einem Griff gedreht und festgestellt werden kann.

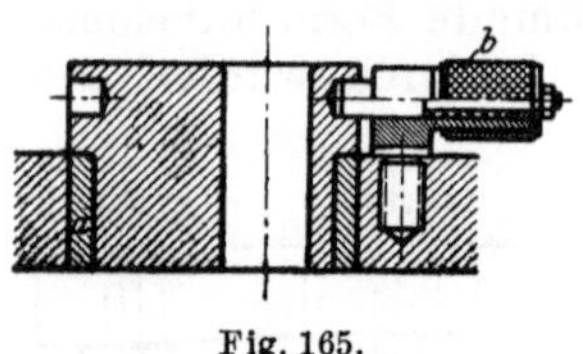

Fig. 165.

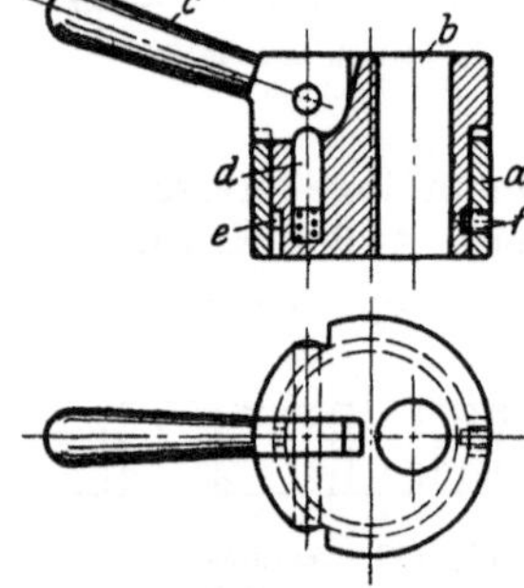

a = Grundbuchse. b = Schwenk-buchse. c = Handgriff. d = Fest-stellbolzen. e = Haltenut. f = Halte-stift.

Fig. 166.

Fig. 165 und 166. Schwenk-bohrbuchsen.

91. Normale Wechselbuchsen. Um genaue Paßlöcher auf der Bohrmaschine herstellen zu können, sind stets mehrere Werkzeuge, wie Vorbohrer, Fertigbohrer und Reibahle, erforderlich. Es werden daher auch mehrere Bohrbuchsen benötigt, die zu den einzelnen Werkzeugen passen müssen und in der Vorrichtung der Reihe nach abwechselnd benutzt werden. Man nennt sie Wechsel- oder Umsteckbuchsen; sie sind in der Form nach Fig. 167 zur Normung vorgeschlagen. Sie sind naturgemäß mit einer viel größeren Sorgfalt herzustellen als die Fest-bohrbuchsen. Um genaue Lochabstände erzielen zu können, müssen sie auf die Bohrwerkzeuge möglichst spielfrei aufgepaßt werden. Auf keinen Fall darf aber das Spiel die für das Werkstück vorgeschriebenen Grenzen über-schreiten. Die Wechselbuchsen werden in der Regel nicht im weichen Werkstoff des Vor-richtungsgehäuses unmittelbar angeordnet, sondern in gehärteten Grundbuchsen, die in gewöhnlichen Fällen die Form der Festbohrbuchsen haben. Sie sind jedoch mit einem Rand wie in Fig. 168 zu versehen, wenn sie gleich-zeitig als Anschlag für Abflächwerkzeuge verwendet werden sollen. Damit die Wechselbuchsen sich während des Be-triebes nicht mitdrehen und auch durch die Späne nicht herausgedrückt werden können, müssen sie wie in Fig. 167 ge-sichert werden. Dieser bajonettartige Ver-schluß hat sich gut bewährt und ist viel-fach eingeführt. Es wird daher darauf ver-zichtet, andere Sicherungsarten zu zeigen. Niemals darf ein Sicherungsmittel über den Rand der Bohrbuchse hinausragen, da sich Bohrspäne von zähem Werkstoff daran festwickeln und Hemmungen verursachen können.

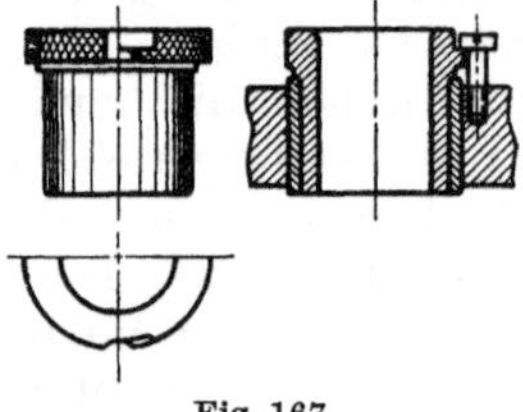

Fig. 167.

Damit die Buchsen schnell ausgewech-selt werden können, empfiehlt es sich,

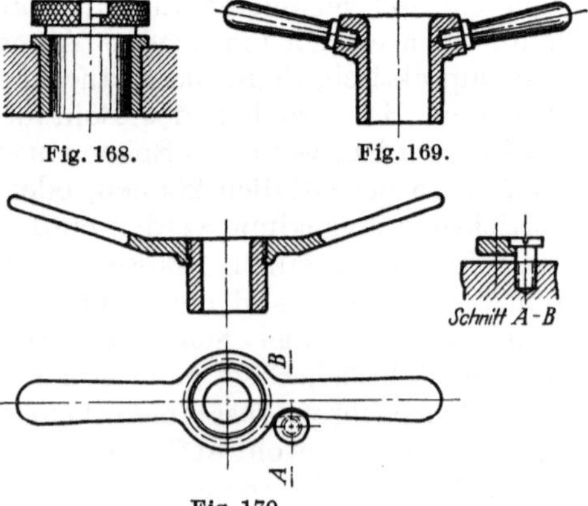

Fig. 168.   Fig. 169.

Fig. 170.

Fig. 167÷170. Wechselbuchsen.

den Sitz ein wenig kegelig mit einem Durchmesserabfall von etwa 1 : 1000 her-zustellen, besonders dann, wenn die für das Werkstück vorgeschriebene Passung ein ausmeßbares Spiel nicht erlaubt. Aus demselben Grunde versieht man sie auch oft mit besonderen Handgriffen, wie in Fig. 169. Bei größeren Abmessungen muß das unter allen Umständen geschehen. Nachteilig ist dabei, daß man den Rand stärker halten muß, um die Griffe gut befestigen zu können.

In Fig. 170 wird daher eine andere Form für diese sogenannten Griffbuchsen vorgeschlagen, für die die normale Form der Festbohrbuchsen verwendet werden kann und die bedeutende Werkstofferparnisse bringt. Der für größere Buchsen doppel- und für kleine einarmig herzustellende Griff wird durch Gewinde befestigt.

Im Interesse einer schnellen Bedienung der Bohrvorrichtungen empfiehlt es sich ganz allgemein, alle Wechselbuchsen in dieser Weise auszuführen, sofern Platz dafür vorhanden ist, denn es braucht nicht erst betont zu werden, daß sich diese viel schneller und leichter auswechseln lassen, als solche mit Kordelrand. Ein Vorteil liegt auch darin, daß nur noch Bohrbuchsen gleicher Form auf Lager gelegt zu werden brauchen, die sowohl als Fest- wie auch als Wechselbuchsen verwendet werden können. Letztere werden nur von Fall zu Fall mit Gewinde versehen.

92. Führung in zwei Buchsen. Es ist nicht immer möglich, längere Löcher durch eine einfache Bohrführung in genauer Richtung zu bohren, denn die Bohrerspitze wird durch Ungleichheiten im Werkstoff in eine andere Richtung abgelenkt. Auch durch mehrmaliges Vorbohren mit kleineren Werkzeugen kann dieser Fehler nicht ganz vermieden werden. Am sichersten geht man vor, wenn man für sehr genaue Bohrlöcher

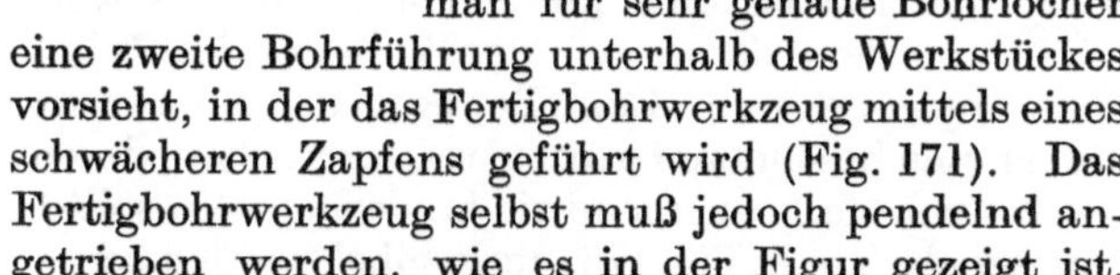

Fig. 171. Doppelt geführter Bohrer.

eine zweite Bohrführung unterhalb des Werkstückes vorsieht, in der das Fertigbohrwerkzeug mittels eines schwächeren Zapfens geführt wird (Fig. 171). Das Fertigbohrwerkzeug selbst muß jedoch pendelnd angetrieben werden, wie es in der Figur gezeigt ist.

93. Wechselbuchsen mit besonderem Halter. Das Umstecken der Wechselbuchsen ist in jedem Falle noch immer so zeitraubend, daß es als Nebenarbeit stark in Rechnung gesetzt werden muß. Es ist dabei auch darauf zu achten, daß die Buchsen unter sich nicht verwechselt werden, wodurch sich Buchsen und Werkzeuge gegenseitig beschädigen können. Durch die unten besprochene Einrichtung werden sämtliche Nachteile beseitigt.

Mehrspindlige Bohrmaschinen werden auch in der Weise benutzt, daß man die für ein Loch erforderlichen Werkzeuge in den einzelnen Bohrspindeln unterbringt und die Bohrvorrichtung von Spindel zu Spindel schiebt. Es wird zunächst damit erreicht, daß keine Werkzeuge ausgewechselt werden müssen. Ordnet man nun auch die zu jedem Werkzeug gehörige Buchse durch besonderen Halter an der Maschinenspindel an, so daß sich das Werkzeug dauernd darin führt, so brauchen die Buchsen nicht mehr in der üblichen Weise von Hand ausgewechselt

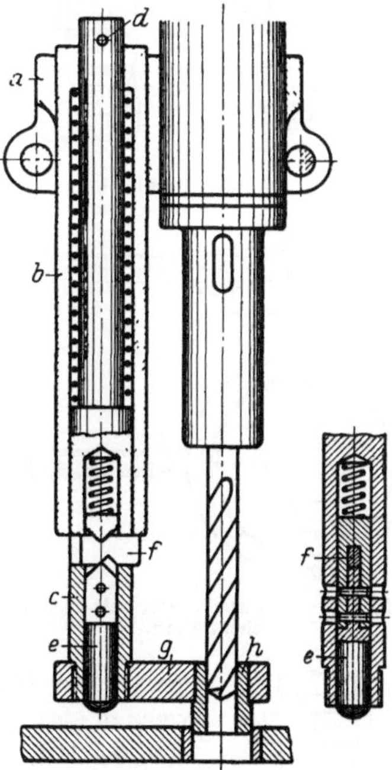

a = Klemmstück, auf Vorschubhülse der Bohrmaschine befestigt.
b = Federhülse, achsial verstellbar.
c = Haltestange, unter Federdruck stehend.
d = Begrenzungsstift.
e = Auslösebolzen.
f = Sperrstück, durch e radial bewegt.
g = Bohrbuchsenhalter.
h = Wechselbohrbuchse.

Fig. 172. Wechselbuchsen mit besonderem Halter.

zu werden und können auch nicht mehr vertauscht werden. Die Buchsen werden dann vielmehr gleichzeitig, zusammen mit den Werkzeugen, in die Vorrichtung eingeführt und ebenso entfernt.

In Fig. 172 ist eine praktische Form für einen derartigen Halter wiedergegeben. Das Wesentliche daran ist, daß er auf die jeweilige Bohrerlänge eingestellt werden kann und beim Bohren zurückfedert. Bohrbuchse und Bohrer sind gegeneinander gesperrt, so daß erstere zunächst vollständig eingeführt werden muß, bevor gebohrt werden kann. In der tiefsten Stellung der Bohrbuchse löst sich die Sperreinrichtung beim Anschlag auf der Vorrichtung selbsttätig aus.

Für verhältnismäßig große Löcher empfiehlt es sich, den Halter doppelseitig auszuführen, damit er widerstandsfähiger wird. Er kann gemeinsam für alle Bohrarbeiten verwendet werden, und es braucht daher jede Spindel nur einmal damit ausgerüstet zu werden. Nur die Buchsen sind entsprechend dem Werkzeug auszutauschen.

94. Bohrbuchsen als Spannorgan. Bohrbuchsen können auch gleichzeitig zum Festspannen des Werkstückes eingerichtet werden, wenn dessen Form es erheischt.

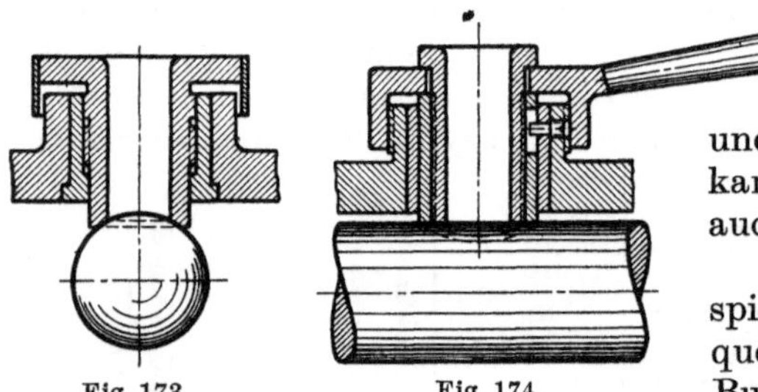

Fig. 173.   Fig. 174.
Fig. 173 und 174. Bohrbuchsen als Spannorgan.

Fig. 173 zeigt eine derartige Konstruktion, mit der Kugeln und Zylinder zentriert, gespannt und gebohrt werden können. Die Buchse kann in diesem Falle gedreht und daher auch mit Gewinde versehen werden.

Anders verhält es sich in dem Beispiel Fig. 174. Hier soll ein Rundstab quer gespannt und gebohrt werden. Die Buchse darf hierbei nicht gedreht werden, da sie sich der Wölbung des Zylinders anpassen muß. Zum Bewegen der Buchse ist daher eine besondere Griffmutter vorgesehen, deren Griff auch, falls er irgendwie hinderlich sein sollte, beweglich, wie in Fig. 175, ausgeführt werden kann.

95. Festbohrbuchsen an Stelle von Wechselbuchsen. Sind verhältnismäßig flache Löcher zu bohren oder auszusenken, so kann man auch dann, wenn dafür mehrere verschieden starke Werkzeuge erforderlich sind, die Wechselbuchsenkonstruktion vermeiden und mit einer Festbohrbuchse arbeiten, die dem größten Lochdurchmesser entspricht. Sämtliche Werkzeuge erhalten einen einheitlichen Führungszylin-

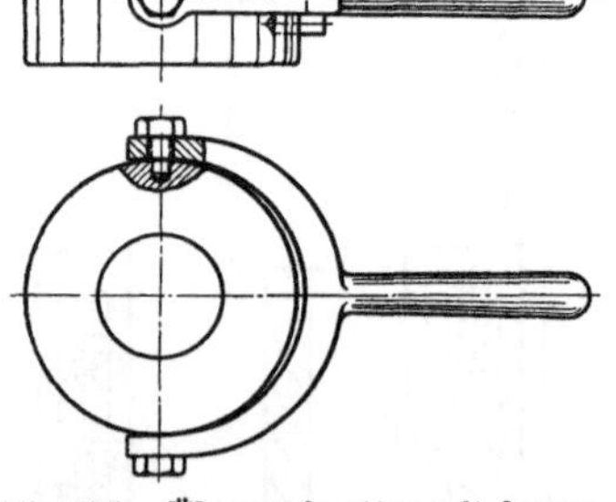

Fig. 175.   Überwurfmutter mit beweglichem Griff.

der. Die für die Vorstufen werden auf einen entsprechend kleineren Durchmesser abgesetzt. In Fig. 176 wird auf diese Art eine flache Einsenkung hergestellt.

96. Dorne als Werkzeugführung. Bei Hohlbohr- und Abflächwerkzeugen kann man auch an Stelle von Buchsen Dorne zur Führung verwen-

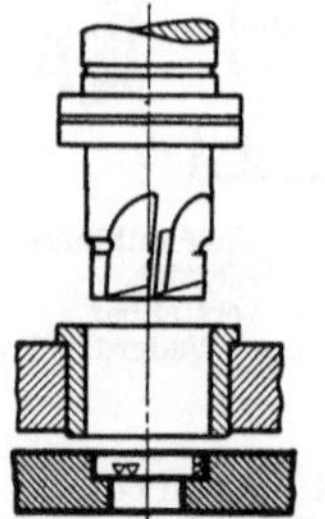

Fig. 176. Festbohrbuchse für Vor- und Fertigbohren.

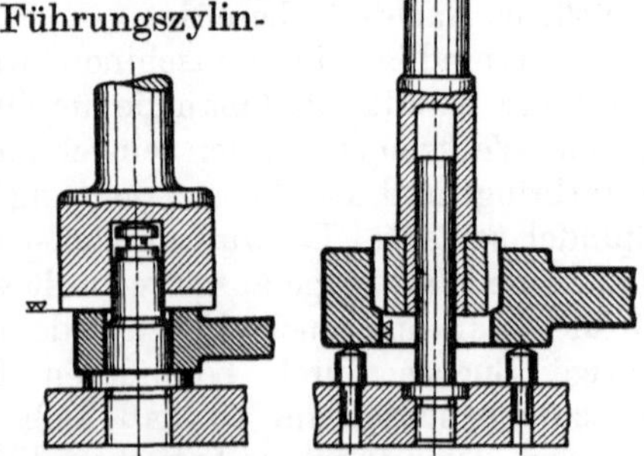

Fig. 177.   Fig. 178.
Fig. 177 und 178. Dorne als Führung.

den. Dieses Verfahren hat gegenüber der Buchsenführung vielfach gewisse Vorteile.

Fig. 177 zeigt zunächst ein Beispiel zum Führen von Abflächwerkzeugen. Der Führungsdorn ist gleichzeitig mit einer Tiefenanschlageinrichtung versehen.

Fig. 178 zeigt das Führen von Bohrwerkzeugen durch einen Dorn. Es kommt natürlich nur bei großen vorgegossenen oder anderweitig vorgebohrten Löchern in Frage. Ein Vorteil liegt darin, daß keine großen und teueren Wechselbuchsen nötig sind. Auch können daher die Schnittkanten an Senkern und Reibahlen nicht beschädigt werden.

K. Verbindung von Vorrichtung und Maschine.

Die Art und Weise, wie Vorrichtung und Maschine miteinander verbunden werden, ist nicht als etwas Nebensächliches zu behandeln, sondern es muß auch hier planmäßig, nach bestimmten Richtlinien vorgegangen werden. Fehler werden recht häufig dadurch gemacht, daß man vor der Konstruktion nicht die in Frage kommenden Maschinen besichtigt hat. Wird die Vorrichtung dann geliefert, so ergeben sich manchmal recht empfindliche Verzögerungen dadurch, daß man entweder an Maschine oder Vorrichtung wegen der Befestigung Änderungen vornehmen muß, die sich leicht hätten vermeiden lassen.

Reine Spannvorrichtungen werden in der Regel fest, Bohrspannvorrichtungen dagegen lose mit der Bearbeitungsmaschine verbunden. Die festen Verbindungen weisen, je nachdem, ob es sich um Rund- oder Langbearbeitungsvorrichtungen handelt, grundsätzliche Unterschiede auf.

97. Verbindung der Rundbearbeitungsspannvorrichtungen. Die Rundbearbeitungsvorrichtungen für Drehbänke können auf zwei Arten befestigt werden. Man schraubt sie entweder unmittelbar auf die Spindel auf, wie in Fig. 179, oder flanscht sie, wie in Fig. 180, an eine Mitnehmerscheibe an, die für viele Zwecke gemeinsam verwendet werden kann. Die erste Art kann dann angewendet werden, wenn die Möglichkeit besteht, die Vorrichtung selbst nachzudrehen, wenn sie sich aus irgendeinem Grunde verziehen und nicht mehr schlagfrei laufen sollte, wie z. B. ein Spreizdorn. Besteht die Nachdrehmöglichkeit aber nicht, so können sich durch diese Befestigungsart Schwierigkeiten ergeben, und der Betriebsmann muß alle möglichen Kniffe anwenden, um nach einem Verziehen wieder einen schlagfreien Lauf zu erzielen. Praktischer ist daher auf alle Fälle die zweite Befestigungsart. Die Paßflächen bei *a* können jederzeit schnell nachgearbeitet und auftretende Lauffehler beseitigt werden.

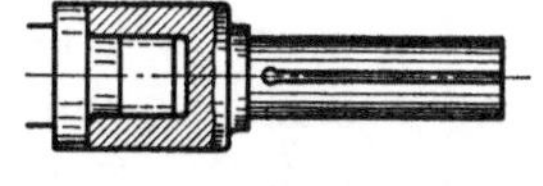

Fig. 179.

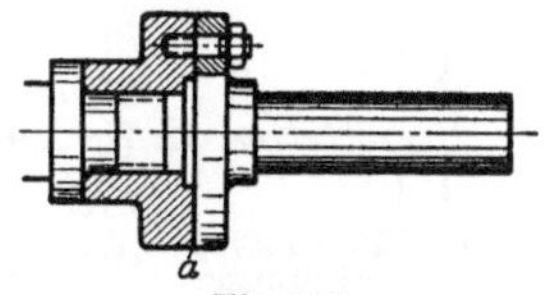

Fig. 180.
Fig. 179 und 180. Fliegende Spanndorne

Es ist eine selbstverständliche Maßnahme, daß die Zentrieransätze innerhalb bestimmter Maschinenklassen gleiche Abmessungen erhalten und auch die Befestigungslöcher übereinstimmend gebohrt werden, damit die Vorrichtungen ohne weiteres an allen in Frage kommenden Maschinen verwendet werden können.

98. Verbindung der Langbearbeitungsspannvorrichtungen. Bei den Langbearbeitungsspannvorrichtungen kommt es meistens darauf an, daß sie genau parallel zur Tischbewegungsrichtung befestigt werden. Es müssen daher Führungsleisten vorgesehen werden, die in die Tischnuten eingreifen. Diese „Führungssteine", wie sie auch genannt werden, setzt man in der Regel in die Aufspannfläche der Vorrichtung in die langdurchgearbeitete Nute *a* (Fig. 181) ein oder man treibt rund angedrehte Vierkantzapfen stramm ein, wie in Fig. 182. Die Fläche selbst muß vorher genau abgerichtet werden, damit der Maschinentisch, der oft recht empfindlich ist, nicht verspannt werden kann. Aus diesem Grunde ist es auch unpraktisch, Vorrichtungskörper und Führungssteine aus einem Stück herzustellen.

Die Befestigungsart Fig. 181 eignet sich für leichtere Vorrichtungen, die ohne Mühe über die Schrauben gehoben werden können. Schwerere Vorrichtungen

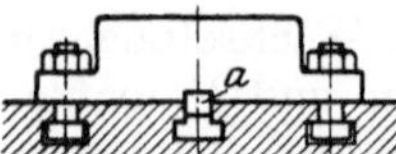 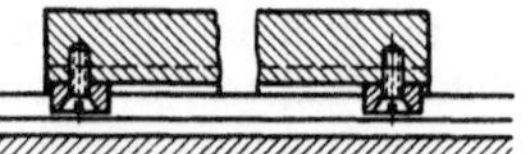 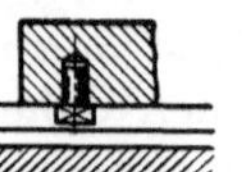 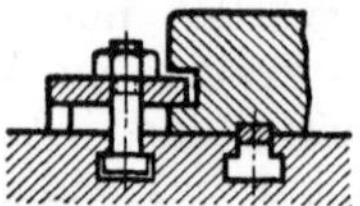

Fig. 181.   Fig. 182.   Fig. 183. Befestigung

Fig. 181 u. 182. Führung der Langbearbeitungs-Spannvorrichtungen in Tischnuten.   durch Spanneisen.

befestigt man jedoch praktischer durch Spanneisen, die in beliebiger Anzahl und an passenden Stellen angesetzt werden (Fig. 183).

Ein Übelstand für das Befestigen der Langbearbeitungsvorrichtungen liegt darin, daß die T-Nuten auf den Maschinentischen nicht einheitlich hergestellt sind (neuerdings sind sie vom NDI genormt) und manchmal sogar auch nicht genau parallel zur Tischbewegungsrichtung liegen. Viel Ärger und Zeitversäumnis wird vermieden, wenn diese Nuten innerhalb einzelner Maschinenklassen auf ein einheitliches Maß durch Nacharbeiten an Ort und Stelle gebracht werden. Diese geringe Arbeit wird sich recht bald, besonders in solchen Werkstätten bezahlt machen, die eine vielseitige und häufig wechselnde Fabrikation haben.

99. Verbindung der Bohrspannvorrichtungen mit den Maschinen. Für Bohrspannvorrichtungen, die auf der Maschine befestigt werden, gilt auch das Vorhergesagte, nur daß keine Führungssteine erforderlich sind, sofern sie nicht auf Wagerechtbohrwerken verwendet werden. Alle anderen, die im Betriebe hin- und hergeschoben werden und daher nicht befestigt werden

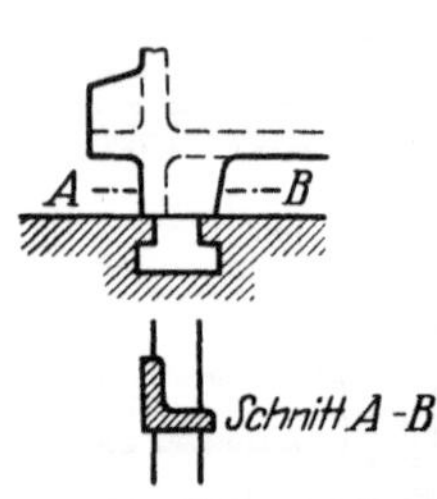

Fig. 184. Füße an Kipp-bohrspannvorrichtungen.

können, erhalten an den Auflageflächen Füße, die schneller und zuverlässiger auf Sauberkeit und gute Auflage hin kontrolliert werden können. Es sind davon mindestens vier vorzusehen, damit sich etwaige Auflagefehler durch Wackeln sofort bemerkbar machen, was bei drei Füßen nicht der Fall ist. In manchen Werkstätten werden eingeschraubte Füße bevorzugt. Es ist jedoch zuverlässiger, wenn sie am Vorrichtungsgehäuse mit angegossen oder herausgearbeitet werden. Der Querschnitt der einzelnen Füße muß im richtigen Verhältnis zum Vorrichtungsgehäuse stehen und mindestens so groß sein, daß die Spannuten der Maschinentische überbrückt werden. Die Form wird an gegossenen Gehäusen am zweckmäßigsten winkelförmig, wie in Fig. 184, und an Schmiede-stücken quadratisch gewählt. Die Höhe richtet sich in der Regel nach den etwa vorstehenden Teilen, wie Bohrbuchsen, Spannorganen usw. Sind solche nicht vorhanden, so genügt für kleinere Vorrichtungen eine Höhe von 2 bis 5 mm, für größere eine solche von 5 bis 10 mm. Eine Bohrspannvorrichtung wird um so ruhiger im Betriebe stehen, je weiter die Füße im Verhältnis zur Höhe der Vorrichtung voneinander entfernt sind (Fig. 185). Verhältnisse, wie sie in Fig. 186

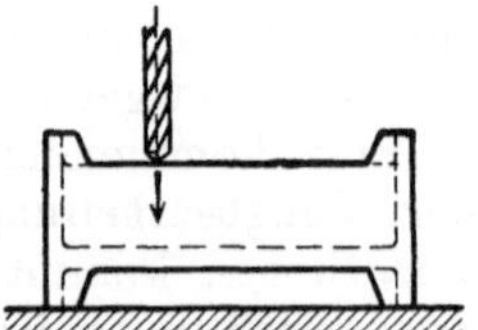 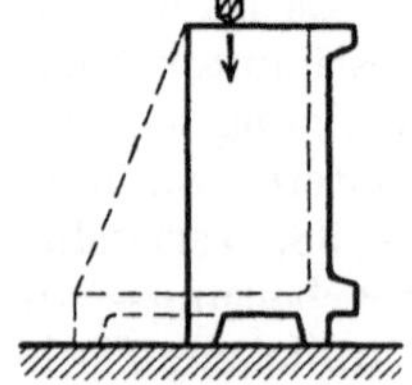

Fig. 185.   Fig. 186.

Fig. 185 und 186. Stehen der Bohrvorrichtungen.

(voll ausgezogen) angedeutet sind, müssen grundsätzlich vermieden werden, denn derartige Vorrichtungen werden nicht ruhig stehen und daher auch keine einwandfreie Arbeit gewährleisten, besonders dann, wenn der Bohrer wie in der Figur einseitig angreift. Aus diesem Grunde allein wird man daher oft gezwungen, den Vorrichtungskörper weit breiter zu bemessen, als es für die Aufnahme des Werkstückes erforderlich wäre, etwa so, wie es die gestrichelte Linie andeutet.

Das beim Bohren auftretende Drehmoment wird bei verhältnismäßig breit auseinanderliegenden Füßen durch den Reibungswiderstand dieser auf dem Maschinentisch aufgehoben, und es ist daher auch nicht erforderlich, solche Vorrichtungen gegen ein Mitdrehen zu sichern. Bei ungünstigeren Verhältnissen muß, wenn es sich um kleinere Vorrichtungen handelt, ein besonderer Handgriff angebracht werden, damit an diesem das Mit-

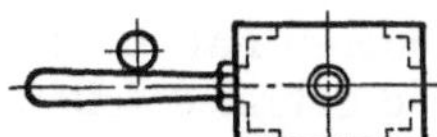

Fig. 187. Bohrvorrichtung gegen Anschlag.

drehen verhindert werden kann, entweder von Hand oder durch Anschlag (Fig. 187). Größere Vorrichtungen sichert man dadurch, daß man auf dem Maschinentisch Leisten aufspannt. Dadurch können aber sehr leicht Fehler in der Wirkungsweise entstehen, auf die im dritten Teil dieser Arbeit zurückgekommen werden wird.

VI. Wesen und konstruktive Grundsätze der reinen Spannvorrichtungen.

A. Allgemeines.

100. Die an die Spannvorrichtungen zu stellenden Anforderungen. In der Reihen- und Massenfabrikation fällt das Anreißen grundsätzlich fort, denn es ist nicht nur an und für sich eine zeitraubende und teure Nebenarbeit, sondern es bedingt auch, daß die Werkstücke handwerksmäßig aufgespannt und mittels Parallelreißer oder anderer Hilfsmittel nach dem Vorriß ausgerichtet werden müssen. Die Werkstücke müssen vielmehr ohne Vorriß schnell und zuverlässig durch ganz bestimmte Handgriffe von ungelernten Arbeitern aufgespannt werden können. Es dürfen daher nur Schnellspannvorrichtungen verwendet werden, die das Werkstück selbsttätig zentrieren und bestimmen. Für viele Arten regelmäßig geformter Teile genügen ohne weiteres die selbstzentrierenden Gemeinspannmittel. In allen anderen Fällen müssen jedoch Sonderspannvorrichtungen angefertigt werden, die obigen Anforderungen genügen.

101. Wirkungsweise der Spannvorrichtungen. Spannvorrichtungen müssen den durch die Bearbeitungsmaschine auf das Werkstück ausgeübten Schnittdruck aufnehmen. Zu dem Zweck werden sie selbst auf der Maschine befestigt und bilden somit ein Teil von dieser. Die Bearbeitungskraft wird auf folgende zwei Arten übertragen.

a) **Nur durch Flächenpressung.** Hierbei wird das Werkstück nur festgeklemmt, wie z. B. in bekannter Weise im Schraubstock oder in den Kloben der Planscheibe. Der Reibungswiderstand muß größer sein als der Bearbeitungsdruck; andernfalls würde das Werkstück in den Spannbacken gleiten. Da beide Kräfte aber schwer zu bestimmen und zu kontrollieren sind, so wird in der Regel mit einer großen Sicherheit gearbeitet, indem einerseits die Spannelemente überbeansprucht und andererseits zu kleine Späne angestellt werden. Für Schrupparbeiten eignen sich solche Spannvorrichtungen also nicht, zumal wenn sie in völlig unkontrollierbarer Weise von Hand gespannt werden; denn sie verschleißen zu sehr und beschränken auch oft die volle Ausnutzung der Maschine.

b) **Durch Anschlag und Flächenpressung.** Um das Gleiten der Werkstücke bei schweren Schrupparbeiten unter allen Umständen zu verhüten, ohne die Spannmittel übermäßig zu beanspruchen, muß die Schnittkraft nicht allein durch die Reibung der Flächenpressung, sondern hauptsächlich durch feste Anschläge aufgenommen werden (s. auch dritten Teil, Das Arb. mit den Vorrichtungen). Das Werkstück muß sich also in Richtung des Schnittdruckes gegen einen festen unveränderlichen Anschlag legen. Bei der Langbearbeitung ist das stets ohne weiteres möglich, bei der Rundbearbeitung bestehen jedoch manchmal Schwierigkeiten; denn das dabei auftretende Drehmoment muß ähnlich wie bei einer Klauenkupplung übertragen werden. Oft wird das durch die natürliche Form des Werkstückes gut ermöglicht, in anderen Fällen wird dieses erst entsprechend vorbereitet werden müssen. An Guß- und Schmiedeteilen kann man Knaggen anbringen lassen, die später wieder entfernt werden, auch können besondere Mitnehmerlöcher vorgesehen werden. Endlich kann man auch oft Schraubenlöcher für die Mitnahme verwenden, die man vor, anstatt nach der Rundbearbeitung bohrt. In allen Fällen wird und muß sich stets ein Weg finden lassen, um Werkstück und Vorrichtung miteinander starr kuppeln zu können.

In Fig. 188 und 189 ist die Wirkungsweise nach Abschnitt *a* und in Fig. 190 und 191 nach Abschnitt *b* in je einem Beispiel für Rund- und Langbearbeitung schematisch dargestellt. Während in den ersten Beispielen trotz kräftigen Festspannens nur mäßige Späne angestellt

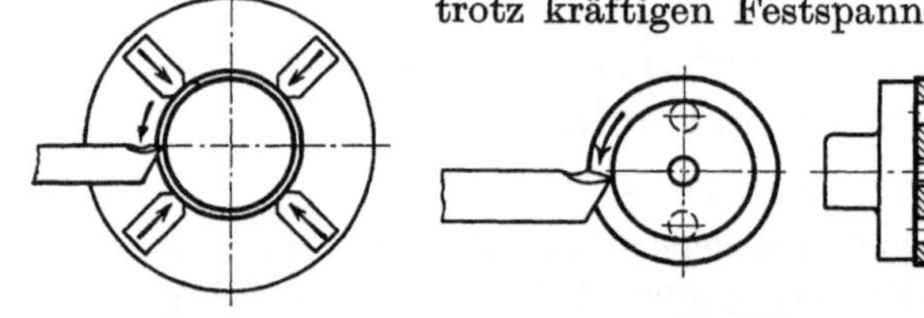

Fig. 188.   Fig. 190.   Fig. 191.

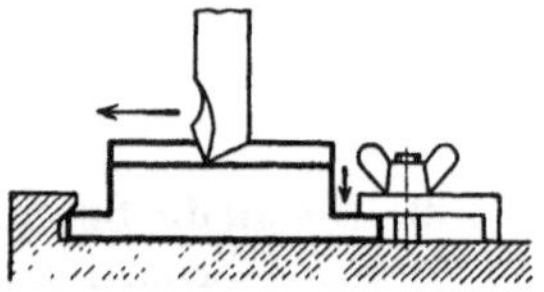

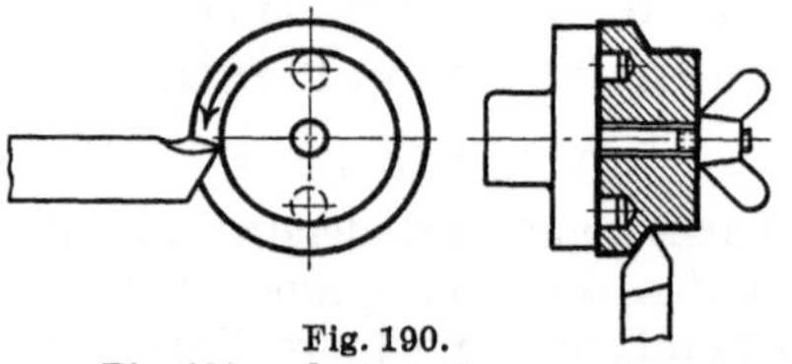

Fig. 190 und 191. Spannen durch Anschlag und Flächenpressung.

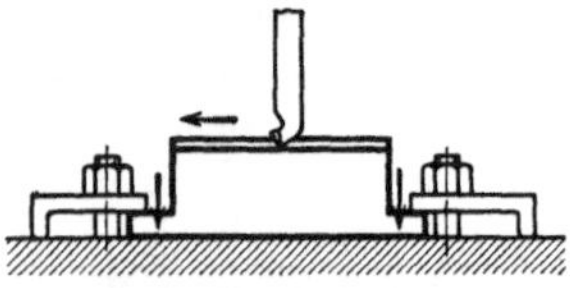

werden können, ist in den letzten das Gegenteil der Fall, trotzdem, bildlich durch Flügelmuttern ausgedrückt, nur mäßig gespannt wird. Beim Bohren tritt das Unterschiedliche der beiden Wirkungsweisen noch schärfer hervor. Während in Fig. 192 recht scharf mit zwei Schrauben gespannt werden muß, um das Werkstück am Mitdrehen zu verhindern, so ist in Fig. 193 jegliches Festspannen überflüssig, da zwei Kupplungsstifte das Mitdrehen verhindern.

Fig. 189.

Fig. 188 und 189. Spannen nur durch Flächenpressung.

102. Bestandteile und konstruktive Richtlinien. Die Spannvorrichtungen bestehen in der Hauptsache aus einem Körper aus Stahl oder Gußeisen, dessen Sohle so ausgebildet ist, daß er auf der Maschine befestigt werden kann. Unbedingt dazu gehören Einrichtungen zum Spannen, Zentrieren und

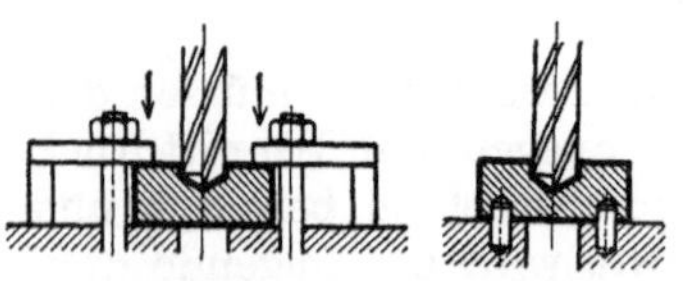

Fig. 192.   Fig. 193.

Fig. 192 und 193. Bohren eines runden Werkstückes.

Bestimmen und Unterstützen. Oft werden auch Druckumlenker und Verteiler, bewegliche Verschlußmittel und Auswerfer benötigt und in besonderen Fällen auch Teil- und Feststellorgane und Meßeinrichtungen.

Die Spannvorrichtungen für die erste Bearbeitungsstufe roher Guß- und Schmiedeteile sind die wichtigsten, denn von ihnen hängt in der Regel die gute Ausführung sämtlicher nachfolgenden Arbeitsstufen ab. Fehler in der Wirkungsweise und der Ausführung beeinflussen den gesamten Bearbeitungsvorgang sehr ungünstig. So wichtig diese Vorrichtungen sind, so schwierig ist oft auch ihre Konstruktion, für die es in der Regel keine Unterlagen und Beispiele gibt, nach denen sich der Konstrukteur richten könnte. Jede dieser Vorrichtungen ist vielmehr eine völlige Neukonstruktion, die nach besonderen Gesichtspunkten durchdacht werden muß.

Ist an einem Werkstück erst einmal eine Fläche bearbeitet, so wird von dieser in der nächsten und in der Regel auch in allen weiteren Arbeitsstufen ausgegangen. Die dafür benötigten Spannvorrichtungen sind meistens einfacherer Art, und es lassen sich aus den vorhandenen Konstruktionsbeispielen mit Leichtigkeit passende Unterlagen für die Konstruktion herausfinden. Es lassen sich auch in viel größerem Maße die Gemeinspannmittel, wie Spreizdorne und Zentrierfutter, verwenden.

B. Bemerkenswertes einzelner Unterarten.

103. Spannvorrichtungen für Rundbearbeitung. Diese Vorrichtungen gehören zu den umlaufenden Teilen der Bearbeitungsmaschinen, und es sind dieserhalb einige bestimmte Regeln für die Konstruktion zu beachten.

a) Um Arbeitskraft zu ersparen, ist das Gewicht nach Möglichkeit zu beschränken. Der Vorrichtungskörper ist daher aus gut verripptem Stahlguß oder Schmiedestahl herzustellen. Niemals darf die Gewichtsverminderung jedoch auf Kosten der Starrheit gehen. Für langsam laufende Vorrichtungen, also besonders solche zum Fräsen, hat das Vorgesagte natürlich weniger Geltung.

b) Bei den schnell umlaufenden Vorrichtungen ist stets Sorge für Gewichtsausgleich zu treffen. An Gußkörpern können daher praktischerweise gleich Gegengewichte angegossen werden. Oft wird es nötig sein, die Vorrichtungen zusammen mit den eingespannten Werkstücken aufs genaueste auszuwuchten, besonders dann, wenn sie sehr schnell umlaufen. Für langsam in der wagerechten Ebene laufende Vorrichtungen können vorstehende Punkte jedoch vernachlässigt werden.

c) Um Unfälle zu verhüten, sind nach Möglichkeit vorspringende Teile, wie Schrauben, Hebel usw., zu vermeiden. Zum mindesten müssen sie aber, wie in Fig. 194 angedeutet, innerhalb einer runden Aktionsscheibe liegen.

Fig. 194. Schema umlaufender Spannvorrichtung.

104. Schwenkbare Spannvorrichtungen für fliegende Einzelrundbearbeitung. Zur Erhöhung der Austauschfähigkeit ist es oft erwünscht, wenn man in einer Aufspannung alles bearbeiten kann. Das kann durch schwenkbare Vorrichtungen erreicht werden, sofern alle Drehachsen der einzelnen zu bearbeitenden Stellen eines Werkstückes in einer Ebene liegen. Durch einfaches Schwenken um eine gemeinsame Achse werden die einzelnen Stellen nacheinander in Arbeitsstellung gebracht. Für eine derartige Bearbeitungsweise eignen sich besonders solche Werkstücke kleineren Umfanges, die vollständig oder teilweise symmetrisch sind und deren einzelne Stellen mit den gleichen Werkzeugen bearbeitet werden können.

Die Vorrichtungen bestehen in der Hauptsache aus einem fest auf der Drehbankspindel sitzenden Körper, mit dem schwenkbar die eigentliche Spannvorrichtung verbunden ist. Die Schwenkachse kann dabei, wie in der schematischen Skizze Fig. 195

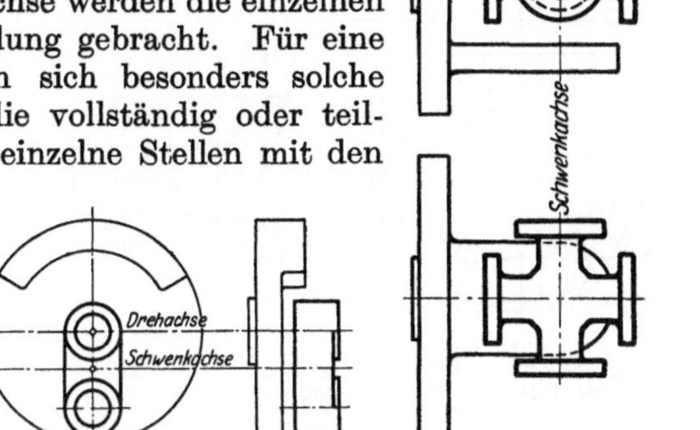

Fig. 195. Fig. 196.

Fig. 195 und 196. Schema umlaufender, schwenkbarer Spannvorrichtungen.

angedeutet, parallel zur Drehbankspindel oder auch, wie in Fig. 196, senkrecht dazu stehen. In diesem Falle muß der feste Körper meistens die Form eines

Winkels haben. Natürlich kann in Sonderfällen die Schwenkachse auch in jeder anderen Richtung angeordnet werden. Bei wagerechter Anordnung der Schwenkachse muß der Schwenkkörper zusammen mit dem Werkstück ausgewuchtet werden, um die Schwenkarbeit zu erleichtern. Der Schwenkkörper muß nicht nur in jeder einzelnen Arbeitsstellung durch besondere Organe festgestellt, sondern auch mit der festen Unterlage durch besondere Mittel verspannt werden.

105. Spannvorrichtungen für Reihenrundbearbeitung. Diese Vorrichtungen werden hauptsächlich zu einem der wirtschaftlichsten Bearbeitungsverfahren, dem stetigen Fräsen, benötigt. Sie werden nicht wie die anderen Vorrichtungen während des Stillstandes, sondern beim Umlaufen im Betriebe beladen. Die sonst üblichen Nebenzeiten dafür fallen dadurch gänzlich fort. Die Stückleistung der Maschine bleibt also, abgesehen von den Unterbrechungen für Werkzeugwechsel, gleich und ist nicht von dem Arbeiter abhängig.

Für die Konstruktion ist folgendes zu beachten: Um unnützen Leerlauf zu vermeiden, ist zunächst zu überlegen, in welcher Weise die einzelnen Stücke am günstigsten ohne größere Zwischenräume aneinandergereiht werden können. Der Aktionsradius ist so groß zu wählen, daß durch das umlaufende Werkzeug beim Bedienen der Vorrichtungen Unfälle möglichst vermieden werden. In den schematischen Skizzen Fig. 197÷200 ist in vier verschiedenen Arten gezeigt, wie die Werkstücke bzw. die Vorrichtungen zum Werkzeug angeordnet werden können. Form und Art der Bearbeitung ist bestimmend für die Auswahl.

Natürlich können diese Vorrichtungen ohne weiteres auch auf Drehbänken, besonders solchen mit wagerechter Planscheibe, verwendet werden. Die eingangs erwähnten besonderen wirtschaftlichen Vorteile fallen dann jedoch fort, denn beim Drehen können natürlich keine

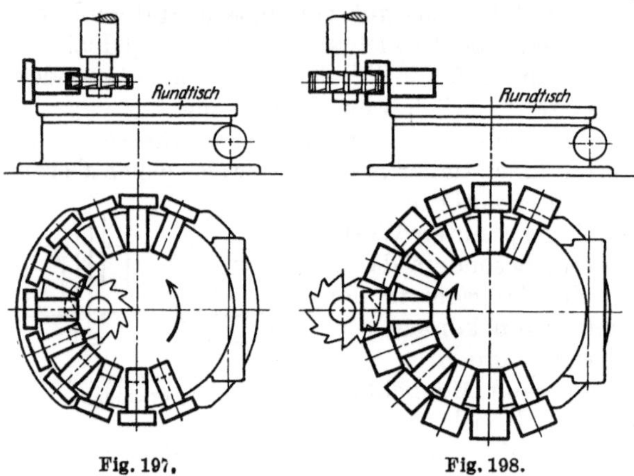

Fig. 197.   Fig. 198.

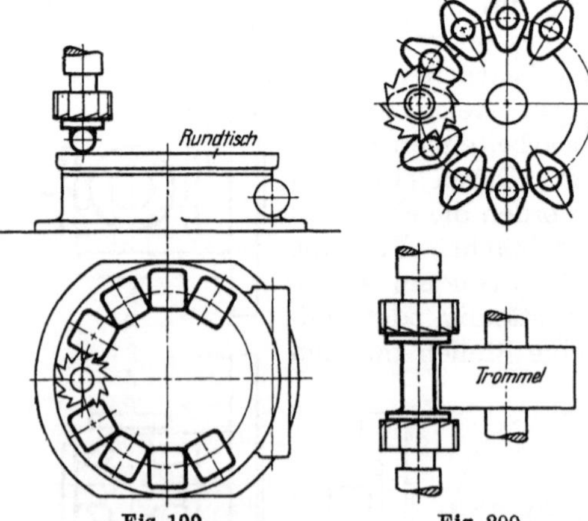

Fig. 199.   Fig. 200.

Fig. 197÷200. Schematische Darstellung von vier verschiedenen Arten der Reihenrundbearbeitung auf der Fräsmaschine.

Werkstücke umgespannt werden, wie es beim Fräsen der Fall ist. Ein Nachteil tritt noch hinzu: Wegen der unvermeidlichen Zwischenräume zwischen den einzelnen Werkstücken wird die Kraftleistung der Maschine dauernd ruckweise unterbrochen und alle Teile der Maschine dadurch aufs ungünstigste beeinflußt. Man kann diesen Übelstand beheben und wirtschaftlicher arbeiten, indem man zwei

Schneidstähle so anordnet, daß abwechselnd einer davon stets im Eingriff mit einem Werkstück steht (Fig. 201).

106. Spannvorrichtungen für Langbearbeitung. Die Spannvorrichtungen für Langbearbeitung stehen während des Betriebes entweder gänzlich still oder sie bewegen sich nur langsam hin und her. Das Gewicht spielt also keine Rolle und man verwendet daher als Werkstoff für den Vorrichtungskörper oft Gußeisen. Da die Vorrichtungen im Gegensatz zu denen für Rundbearbeitung in einer bestimmten gleichbleibenden Richtung stehen, so ist bei der Konstruktion darauf zu achten, daß sie auch von einer bequemen und unfallsicheren Seite der Maschine bedient werden können.

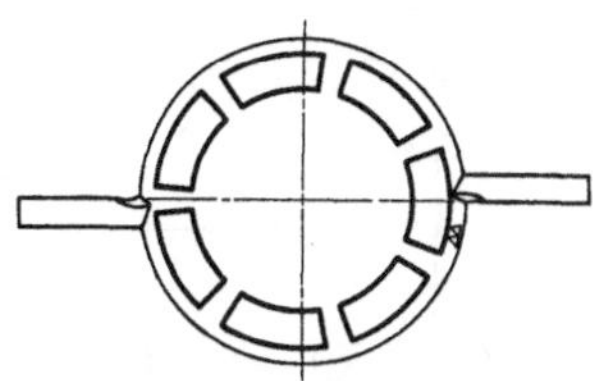
Fig. 201. Reihenrundbearbeitung auf der Drehbank.

Weil das nicht immer beachtet wird, tritt oft der Fall ein, daß die Vorrichtungen nur unter allerlei Körperverrenkungen bedient werden können.

107. Schwenkbare Einzelspannvorrichtungen für Langebarbeitung. Bohr- und Fräswerke sind meistens mit Dreh- oder Schwenktischen ausgestattet, so daß man einzeln zu bearbeitende Werkstücke ohne umzuspannen von mehreren Seiten bearbeiten kann, indem man die Tische herumschwenkt. Da diese Tische aber stets für die größten vorkommenden Werkstücke gebaut und schwer und unhandlich zu bedienen sind, so ist es sehr unwirtschaftlich, sie bei kleinen Werkstücken zu benutzen. Das trifft besonders dann zu, wenn die Bearbeitungszeiten sehr kurz sind. Es ist dann ein unbilliges Verlangen, daß der schwere Tisch in kurzen Zeitabständen fortgesetzt geschwenkt werde. Eine derartige schwere körperliche Belastung darf auf die Dauer keinem Arbeiter zugemutet werden. Außerdem geht auch Zeit dabei verloren. Es sind daher in solchen Fällen die sowieso erforderlichen Spannvorrichtungen schwenkbar auszubilden, die unabhängig von dem Maschinentisch schnell und handlich bedient werden können. In Fig. 202 ist die Anordnung auf einem Doppelfräswerk schematisch dargestellt. Die Schwenkachse muß möglichst gleich weit von den zu bearbeitenden Flächen liegen.

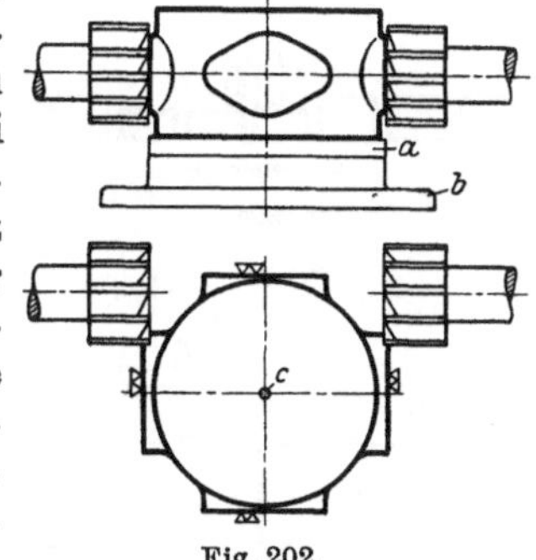
Fig. 202.

108. Schwenkbare Doppelspannvorrichtungen für Langbearbeitung. Sind auf Bohr- und Fräswerken Werkstücke nur an einer Seite zu bearbeiten, so kann man, um die Nebenzeiten wesentlich zu verkürzen, die Spannvorrichtungen so einrichten, daß man sie während des Betriebes bedienen kann. Sie werden zu dem Zweck doppelt und um eine gemeinsame Achse schwenkbar ausgeführt, so daß beide Vorrichtungen abwechselnd

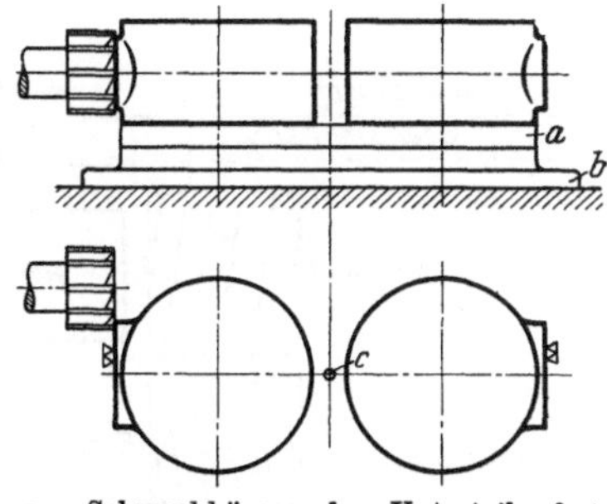
a = Schwenkkörper. b = Unterteile, feststehend. c = Schwenkachsen.
Fig. 203.
Fig. 202 und 203. Schema schwenkbarer Spannvorrichtungen.

in Arbeitsstellung gebracht werden können. Die Nebenzeit zum Spannen fällt dadurch gänzlich fort. Fig. 203 zeigt eine derartige Anordnung schematisch.

109. Spannvorrichtungen für Mehrfachlangbearbeitung. Auf Hobel- und besonders auf Fräsmaschinen kann man dadurch, daß man mehrere Werkzeuge parallel nebeneinander anordnet, mehrere Werkstücke gleichzeitig bearbeiten.

Ehe man daher für sperrige Teile, die nicht hintereinander in Reihen bearbeitet werden können, Einzelspannvorrichtungen anfertigt, ist zu untersuchen, ob sich dieses Verfahren nicht anwenden läßt. Oft wird es sehr gut möglich sein, daß man zwei und mehr Teile nebeneinander aufspannen und gleichzeitig bearbeiten kann. Dementsprechend sind dann auch die Vorrichtungen in mehreren Spanneinheiten auszuführen. Auf Fräsmaschinen kann man auch noch die Nebenzeiten zum Spannen beseitigen, indem man

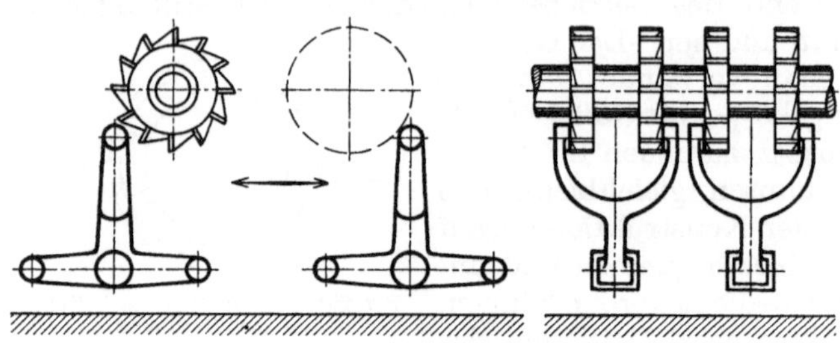

Fig. 204. Schema für das Arbeiten mit Mehrfachlangbearbeitung-Spannvorrichtungen.

zwei derartige Vorrichtungen anfertigt und je eine vor und hinter dem Fräsersatz anordnet. Die Fräser arbeiten dann sowohl beim Vor-, als auch beim Rücklauf des Tisches. In einem Falle arbeiten sie allerdings etwas ungünstiger, da sie von unten nach oben schneiden. Bei geringer Zerspanung ist das jedoch ohne Bedeutung. Fig. 204 zeigt diese Anordnung für je zwei sperrige Werkstücke. Beim Arbeiten mit Walzenfräsern kann obiges Verfahren natürlich nicht ohne weiteres angewendet werden, da man diese auf keinen Fall von oben nach unten arbeiten lassen kann.

110. Spannvorrichtungen für Reihenlangbearbeitung. Beim Langbearbeiten benötigt der Hobelstahl zu jedem einzelnen Span eine gewisse Leerzeit zum Ein- und Auslauf. Beim Fräsen sind diese Leerzeiten noch größer. Sie fallen um so höher ins Gewicht, je tiefer und kürzer der Schnitt ist. Am günstigsten wird die Maschine also dann ausgenutzt werden, wenn die Werkstücklänge gleich der Arbeitslänge des Maschinentisches ist. Es ist daher selbstverständlich, kleinere Werkstücke nicht einzeln, sondern in Reihen hintereinander aufzuspannen, damit die Tischlänge voll ausgenutzt wird.

Bei der Konstruktion solcher Vorrichtungen ist zu beachten, daß die einzelnen Werkstücke mit den zu bearbeitenden Stellen recht nahe aneinandergebracht werden. Das wird

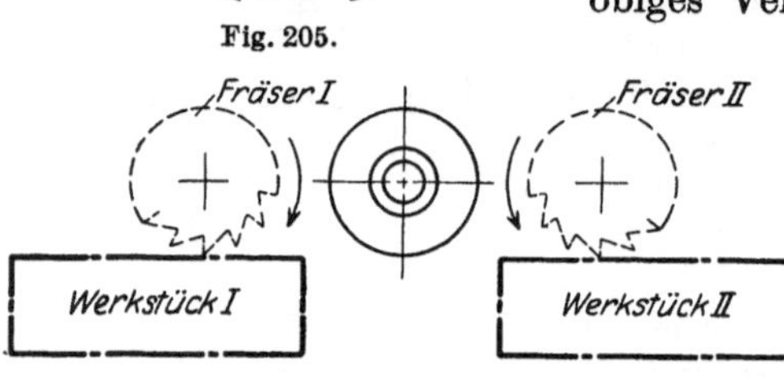

Fig. 205.

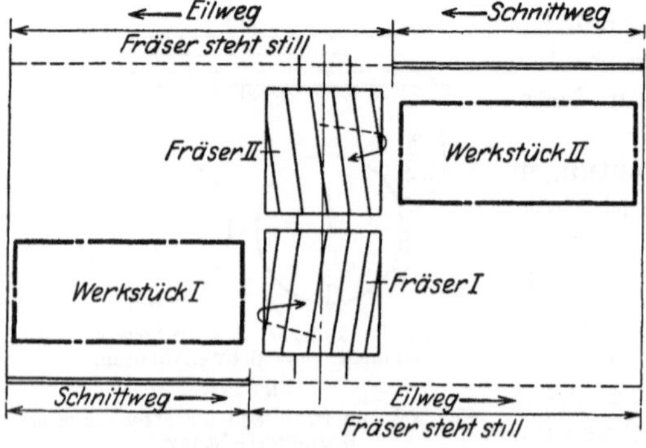

Fig. 206.

Fig. 205 und 206. Schema für das Fräsen mit Reihenlangbearbeitungs-Spannvorrichtungen.

aber nicht immer möglich sein, besonders bei sperrigen Teilen nicht. Die Zwischenräume werden unter Umständen so groß werden, daß ein erheblicher Leerlauf entsteht und die Vorteile der Reihenspannvorrichtung nicht mehr voll zur Geltung kommen. In solchen Grenzfällen ist daher zu untersuchen, ob die Einzelbearbeitung nicht wirtschaftlicher ist. Natürlich müssen dabei die Mehrkosten für die weit teureren Reihenspannvorrichtungen gegenüber denen für Einzelspannung in Rechnung gesetzt werden.

Diese Reihenspannvorrichtungen werden im allgemeinen nur beim Fräsen glatter Flächen mit Stirnfräsern während des Betriebes beschickt, so daß ähnlich wie bei den Reihenspannvorrichtungen für Rundbearbeitung stetig, jedoch in hin- und hergehender Richtung gearbeitet werden kann (Fig. 205). Beim Fräsen mit Walzen-, Scheiben- und Formfräsern können die Vorrichtungen jedoch nicht ohne weiteres während des Betriebes bedient werden und beim Hobeln unter keinen Umständen. Meistens verzichtet man daher darauf und läßt, um die langen Schnittzeiten auszufüllen, den Arbeiter eine größere Anzahl Maschinen gleichzeitig bedienen. Auf diese Weise werden zwar auch niedrige Stücklöhne erzielt, die Maschinen werden aber sehr schlecht ausgenutzt. Erheblich wirtschaftlicher ist es, unter geringen Mehrkosten Maschine und Vorrichtung so einzurichten, daß man sie auch dann während des Betriebes bedienen kann, wenn man mit den letztgenannten Fräserarten arbeitet. In Fig. 206 ist gezeigt, wie das geschehen kann: es wird von der Mitte des Maschinentisches abwechselnd nach beiden Richtungen mit je einem rechts und links schneidenden Fräser gearbeitet, die beide nebeneinander sitzen. Die Maschine muß natürlich vor- und rückwärts umschaltbar sein. Es werden entweder zwei einzelne Vorrichtungen gemäß der Skizze auf dem Maschinentisch befestigt oder man kann auch eine entsprechende Gesamtvorrichtung vorsehen, mit der die Werkstücke in zwei getrennten Gruppen eingespannt werden. Es wird in der Weise gearbeitet, daß abwechselnd auf einer Tischhälfte die Teile auf- und abgespannt und gleichzeitig auf der zweiten Hälfte eine zweite Gruppe von Werkstücken gefräst wird, wodurch sich die Maschinenleistung erheblich erhöht. Es werden auch bereits Maschinen auf den Markt gebracht, die besonders für dieses Fräsverfahren eingerichtet und in praktischer Weise mit Schnellrücklauf versehen sind.

Ein Nachteil muß bei diesem Fräsverfahren jedoch verzeichnet werden: es besteht immer eine gewisse Unfallgefahr, wenn in der Nähe arbeitender Fräser herumhantiert werden muß.

Ein anderes Verfahren zur besseren Ausnutzung der Maschinen, bei dem diese nur in einer Richtung arbeiten, besteht darin, besondere Ladekäfige zu verwenden. Das ist aber nur bei besonderen Arten kleiner Teile möglich. In der nächstbehandelten Unterart wird darauf zurückgekommen werden.

111. Spannvorrichtungen für Reihenlangbearbeitung mit Blockspannung, ohne und mit Ladekäfig. Wenn es die Form der Werkstücke gestattet, so reiht man diese ohne Zwischenräume in der Spannvorrichtung aneinander und bildet dadurch einen starren Block, der einen weit höheren Schnittdruck aufnehmen kann als das einzelne Stück. Der Vorschub kann unter Umständen vervielfacht werden. Die Blockspannung ist für die wirtschaftliche Bearbeitung daher am günstigsten, und es sollte daher schon bei der Konstruktion einschlägiger Teile darauf weitestgehend Rücksicht genommen werden. Fig. 207 zeigt das Wesen der Blockspannung.

Für die Blockreihenspannung lassen sich auch oft gewöhnliche Maschinenschraubstöcke verwenden, indem man sie mit entsprechenden Einrichtungen zum Bestimmen der Werkstücke versieht.

Bei der Blockreihenspannung kann man auch durch sogenannte Ladekäfige, wie bereits im vorigen Abschnitt erwähnt, die Nebenzeiten zum Auf- und Abspannen erheblich verkürzen. Dieses Verfahren kommt aber nur in Frage bei kleineren Massenteilen aus blankgezogenem oder entsprechend vorbearbeitetem Werkstoff. Die Einrichtung ist wirtschaftlich und auch sehr praktisch, denn die einzelnen Werkstücke werden nicht auf der Maschine selbst aneinandergereiht und gespannt, sondern abseits davon auf besonderen Ladetischen. Dadurch scheidet zunächst jede Unfallgefahr aus. Ferner kann die ganze Arbeitslänge des Maschinentisches voll als Schnittlänge ausgenutzt werden, denn es ist hierbei nicht nötig, zwei Gruppen von Spanneinheiten mit entsprechendem Zwischenraum vorzusehen. Das Werkzeug arbeitet vielmehr ohne jeglichen Leerlauf von einem Ende des Tisches bis zum anderen durch.

Es wird in folgender Weise gearbeitet: Zu der eigentlichen, fest auf der Maschine aufgespannten Vorrichtung gehören mindestens zwei besondere Ladekäfige, die so leicht wie möglich gehalten werden und etwa der Arbeitslänge des Maschinentisches bzw. der Vorrichtung entsprechen. In diesen Käfigen werden abseits von der Maschine die Werkstücke aneinandergereiht und leicht zusammengespannt. Der so gebildete Block wird jetzt wie ein Einzelteil in die Spannvorrichtung eingeführt und dort festgespannt. Die beladenen Käfige dürfen natürlich nicht zu schwer werden, damit sie ohne große Mühe noch frei hantiert werden können. Um die Nebenzeiten zum Beladen der Käfige zu beseitigen, muß abwechselnd mit zwei Käfigen gearbeitet werden.

Die Konstruktion sowohl der Spannvorrichtung als auch der Ladekäfige muß sehr gut durchdacht werden, wenn mit vollem Erfolg gearbeitet werden soll. In Fig. 208 ist ein beladener Käfig in der Draufsicht allein und im Querschnitt in eingespanntem Zustand gezeigt.

In Fig. 209 ist noch eine andere Form eines Ladekäfigs wiedergegeben, wobei die mit zwei Löchern versehenen Werkstücke auf Dorne aufgezogen und durch gewöhnliche Muttern zusammengespannt werden. Wie in der Figur ersichtlich, sind die Stücke in doppelter Länge zugeschnitten und werden beim Fräsen in zwei Teile geteilt; die schraffierte Fläche deutet den Abfall an.

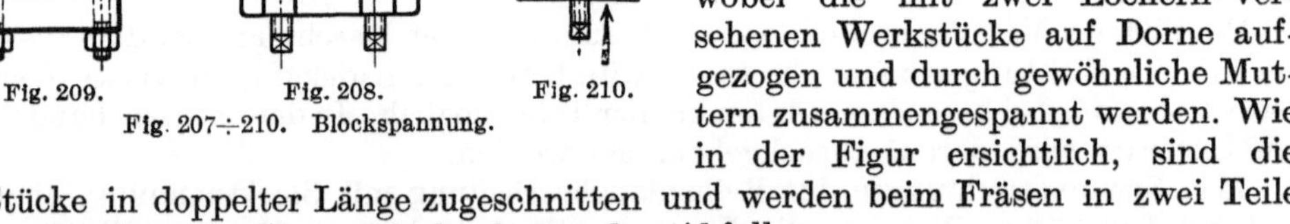

Fig. 207.

Fig. 209.   Fig. 208.   Fig. 210.

Fig. 207÷210. Blockspannung.

Bei der Blockspannung im allgemeinen, und im besonderen beim Spannen mit Ladekäfigen besteht der Nachteil, daß sich die Fehler in den Werkstücken summieren können und an den Enden des Blocks die Teile nicht mehr genau parallel zueinander liegen. Es sind daher möglichst immer zwei Spannelemente vorzusehen, damit durch verschieden starken Spanndruck die Parallelität wiederhergestellt werden kann. Die schematische Skizze Fig. 210 zeigt übertrieben die Fehler, die beim Spannen mit einer Schraube entstehen können. Das beste ist es, wenn, wie an einem Parallelschraubstock, eine Spannbacke in einer Geradführung parallel vorgedrückt wird. Beim Ladekäfig ist diese Ausführung wegen des zu großen Gewichts nicht anwendbar.

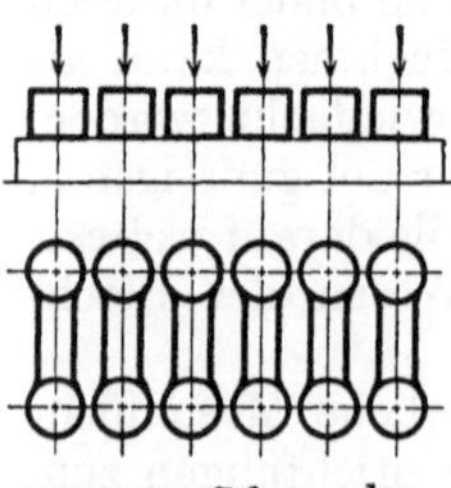

Fig. 211. Schema der unabhängigen Reihenspannung.

112. Spannvorrichtung für Reihenlangbearbeitung mit unabhängiger Spannung.
Kann die Blockspannung infolge ungeeigneter Form der Werkstücke nicht angewendet werden, so muß die Spannvorrichtung eine Reihe unabhängig voneinander arbeitender Spanneinheiten erhalten, in denen die Teile einzeln oder
auch paarweise aufgenommen werden. Jedes Werkstück muß aber besonders
zentriert oder bestimmt werden. In Fig. 211 ist das Schema einer derartigen
Anordnung wiedergegeben.

VII. Wesen und konstruktive Grundsätze der Bohrspannvorrichtungen.

A. Allgemeines.

**113. Die besonderen Vorteile der Bohrspannvorrichtungen und die an sie zu
stellenden Anforderungen.** Durch den Gebrauch richtig konstruierter Bohrspannvorrichtungen ergeben sich zunächst allgemeine große Vorteile durch Zeitersparnis,
denn es wird das Anreißen und Ankörnen, das probeweise Anbohren und Nach-
körnen erspart und das Aufspannen beschleunigt. Die größten Vorteile ergeben
sich jedoch für den Austauschbau, denn es wird mit diesen Vorrichtungen ermöglicht, auf billigste Weise an einer beliebigen Anzahl von Werkstücken genau
übereinstimmende Löcher zu bohren. Mit diesen Vorrichtungen werden in der
Regel also erheblich größere Vorteile erzielt als mit den reinen Spannvorrichtungen,
und darum machen sie sich auch schon bei verhältnismäßig geringer Stückzahl
bezahlt. Wenn aber in der Bohrspannvorrichtung die Werkstücke nicht wie in
einer reinen Spannvorrichtung schnell und sicher ein- und ausgespannt werden
können, was oft nur sehr mangelhaft erfüllt wird, so ergeben sich im Gebrauch
Mißstände, die die Zeitersparnis gänzlich aufheben und die Ursache zahlreicher
Fehlstücke oder teurer Nacharbeiten sein können.

114. Wirkungsweise der Bohrspannvorrichtungen. Es soll das Werkstück in
eine bestimmte Lage zum Werkzeug und zur Maschine gebracht werden, damit
Löcher in bestimmten Abständen und in der vorgeschriebenen Richtung gebohrt
werden können. Die Abstände der Löcher voneinander oder von bestimmten
Bezugskanten werden von der Vorrichtung selbst durch die Werkzeugführungen
bestimmt, die genaue Richtung hängt im wesentlichen jedoch von der Maschine ab.

Im Gegensatz zu den reinen Spannvorrichtungen werden die Bohrspannvorrichtungen nicht mit der Maschine fest verbunden, sondern in der Regel lose auf den
Bohrmaschinentisch gestellt, damit sie schnell in die verschiedenen Arbeitsstellungen
geschoben werden können, in denen das Bohrwerkzeug mit der Führung an der Vorrichtung genau fluchten muß. Einzelne Unterarten machen jedoch eine Ausnahme.
Leichtere Vorrichtungen werden durch das in der Führung anschnäbelnde Werkzeug selbsttätig eingestellt, schwerere bedürfen einer Nachhilfe von Hand.

B. Bemerkenswertes einzelner Unterarten.

Im nachfolgenden werden die einzelnen Unterarten, soweit erforderlich, im
besonderen behandelt und auf ihre Zweckmäßigkeit untersucht werden.

115. Bohrlehren. Bohrlehren können nur dann zweckmäßig und wirtschaftlich
verwendet werden, wenn sie schnell in der richtigen Lage, ohne daß dabei Meßgeräte irgendwelcher Art verwendet werden, auf dem Werkstück befestigt werden
können. Nur dann darf zum Aufspannen mehr Zeit verwendet werden, wenn es
sich um das Bohren zahlreicher oder größerer Löcher handelt und die Spann-
zeit im Verhältnis zur Bohrzeit sehr gering bleibt. Bohrlehren werden daher nur

mehr bei bestimmten Fabrikationszweigen im Großmaschinen- und im Kesselbau und in den blechverarbeitenden Betrieben angewendet.

a) **Formbohrlehren.** Diese Bohrlehren werden in der Regel entweder ganz oder teilweise den Umrissen des zu bohrenden Werkstückes nachgebildet, damit

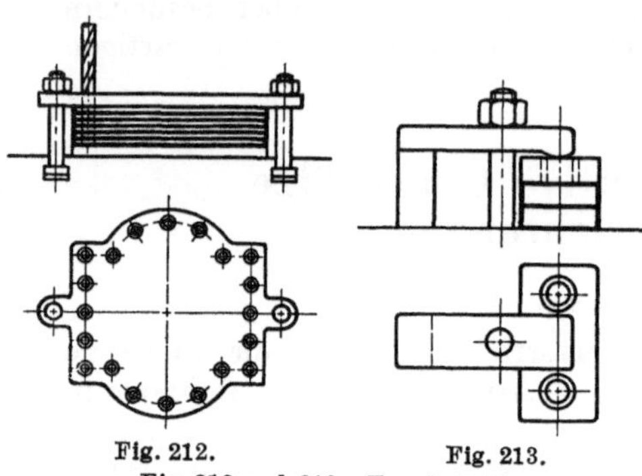

sie dadurch auf dem Werkstück bestimmt werden können. Sie erfüllen ihren Zweck besonders gut, wenn man Blechplatten mit zahlreichen Löchern damit bohrt und dabei mehrere Platten paketweise übereinander spannt (Fig. 212).

Formbohrlehren werden aber häufig an ganz verkehrter Stelle angewendet. Ein Beispiel dafür ist Fig. 213. Das Ausrichten und Festspannen des Werkstückes und der Bohrlehre dauert zu lange und erfordert hier etwa dieselbe Zeit wie das Bohren selbst. Außerdem können durch schiefe Auflage, die bei der geringen Breite

Fig. 212.

Fig. 213.

Fig. 212 und 213. Formbohrlehren.

des Werkstückes sehr wohl möglich ist, die Bohrbuchsen und Bohrer beschädigt werden. Auch kann die Bohrlehre, wenn sie nicht sehr fest gespannt wird, sehr leicht beim Bohren verrutschen, wodurch Fehlstücke verursacht werden. So angewendete Bohrlehren bringen eher Zeitverluste als Ersparnis, denn beim freihändigen Bohren werden derartige Werkstücke in der Regel gar nicht festgespannt, sondern lose zwischen zwei auf dem Maschinentisch aufgespannte Schienen gelegt.

b) **Ring- oder Zentrierlehren.** Diese Bohrlehren verwendet man hauptsächlich im Rohrleitungsbau zum Bohren von

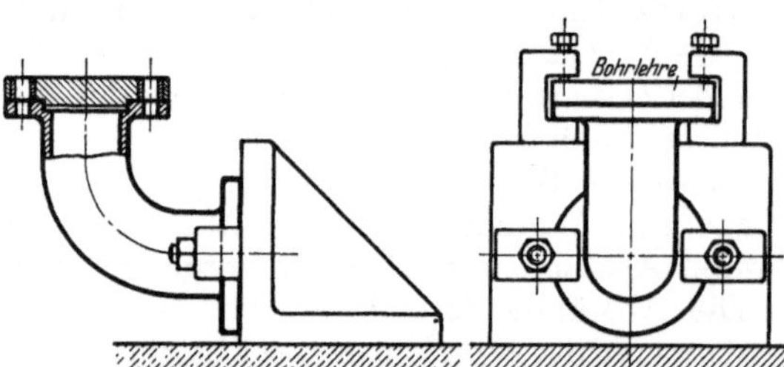

Fig. 214. Ringbohrlehre, falsch angewendet.

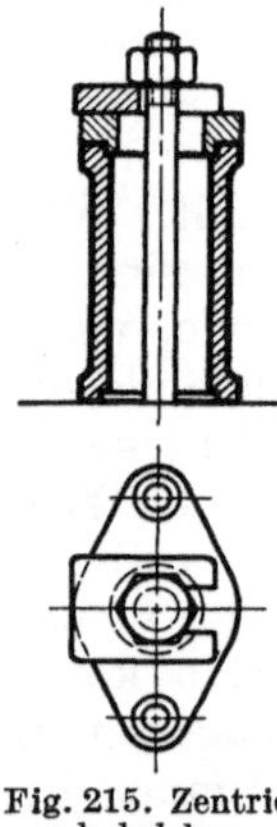

Fig. 215. Zentrierbohrlehre.

Flanschen. Sie werden aber auch oft in ganz unwirtschaftlicher Weise, etwa wie in dem Beispiel in Fig. 214 angewandt. Hier wird das Werkstück zunächst mit Wasserwage oder anderen Hilfsmitteln auf dem Maschinentisch ausgerichtet und durch besondere Mittel festgespannt und dann erst die Bohrlehre auf dem Werkstück befestigt. Die Nebenzeiten sind im Verhältnis zur Bohrzeit viel zu groß. Wirtschaftlich kann mit diesen Bohrlehren nur gearbeitet werden, wenn sie ohne weiteres, wie in dem Beispiel Fig. 215, schnell auf dem Werkstück befestigt werden können.

116. Standbohrspannvorrichtungen. Ein besonderer Vorteil dieser Vorrichtungen ist, daß sie auf dem Maschinentisch sachgemäß befestigt werden können, wodurch Fehler in der Bedienung, wie sie bei beweglichen Vorrichtungen möglich sind, vermieden werden.

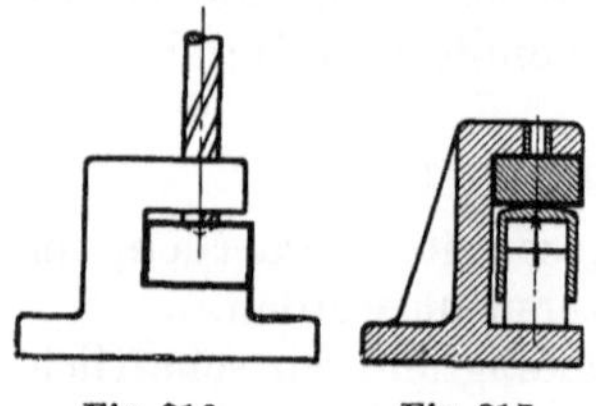

Fig. 216.

Fig. 217.

Fig. 216 und 217. Standbohrspannvorrichtungen, schematisch.

Auch ist die Bedienung einfach und leicht, denn es ist immer nur das Werkstück allein zu handhaben. Fig. 216 zeigt das Anordnungsschema für Standbohrspannvorrichtungen. Der Vorrichtungskörper kann beliebig schwer sein, muß aber auf dem Maschinentisch festgespannt werden können.

Die Konstruktion dieser Vorrichtungen schließt natürlich nicht aus, daß sie auch lose auf dem Maschinentisch verwendet werden können, besonders solche für kleinere Werkstücke.

a) **Standbohrspannvorrichtungen mit fester, den Spanndruck aufnehmender Bohrplatte.** Im allgemeinen wird es befürwortet und auch als Regel aufgestellt, den Spanndruck nicht entgegen dem Bearbeitungsdruck wirken zu lassen. Diese Regel ist jedoch sehr anfechtbar (s. dritten Teil: Das Arbeiten mit den Vorrichtungen). Bei diesen Vorrichtungen hier wird auch davon abgewichen, da die Konstruktionsverhältnisse besonders bei Anwendung von Preß-luft auf eine gegensätzliche Anordnung hinweisen. Im

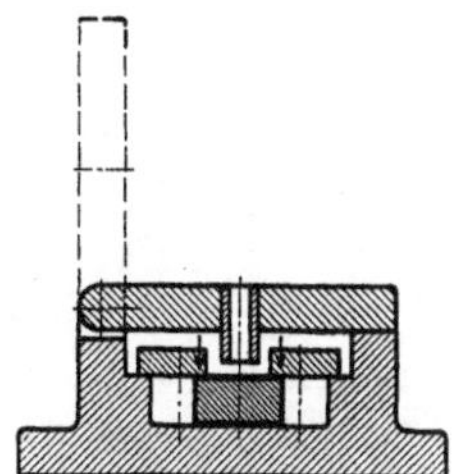

Fig. 218. Standbohr-spannvorrichtung mit beweglicher Bohrplatte.

zweiten Teil werden bestbewährte Konstruktionsbeispiele dieser Art gezeigt werden. In Fig. 217 ist eine schematische Anordnung wiedergegeben.

b) **Standbohrspannvorrichtungen mit beweglicher Bohrplatte** In dem Bestreben, das Werkstück in Richtung des Bearbeitungsdruckes auf eine feste Unterlage zu spannen, werden recht häufig Vorrichtungen nach dem Schema Fig. 218 entworfen, die aber weniger einfach in Konstruktion und Bedienung sind als die vorigen. Sie dürften daher nur dann am Platze sein, wenn durch die zum Fortklappen eingerichtete Bohrplatte Wechselbuchsen erspart werden können.

117. Mehrfachbohrspannvorrichtungen. Werden in der Massenfertigung die eigentlichen Bohrzeiten durch Verwendung von Mehrspindelköpfen und erstklassigen Schnellbohrern auf das äußerste herabgemindert, so tritt ein ungünstiges Verhältnis von Bohr- zu Nebenzeiten ein, selbst wenn diese durch raffinierteste Spannarten auf das denkbar geringste Maß gebracht worden sind. Eine Verkürzung der Nebenzeiten ist dann nur noch dadurch möglich, daß man sie in die Bohrzeit verlegt, was durch Mehrfachbohrspannvorrichtungen erreicht wird. In der Regel

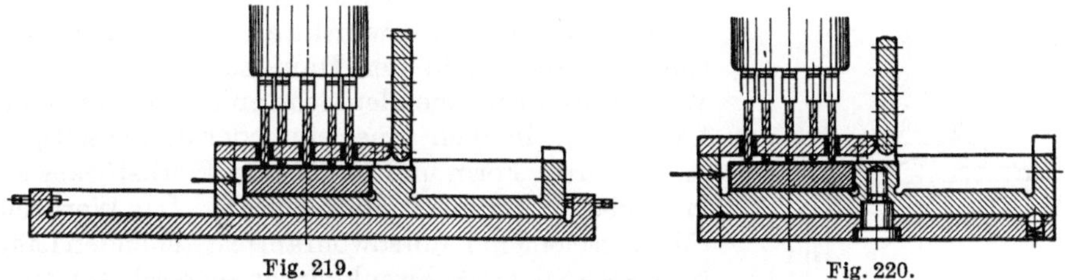

Fig. 219. Fig. 220.

Fig. 219 und 220. Mehrfachbohrspannvorrichtungen.

ordnet man zwei gleiche Vorrichtungen, die einzeln konstruktiv den Standvorrichtungen entsprechen, nebeneinander als ein Ganzes auf einer besonderen Unterlage an. Auf dieser werden sie entweder geradlinig verschoben oder um 180° um eine gemeinsame Achse geschwenkt und dadurch abwechselnd in Arbeitsstellung gebracht. Die eigentliche Aufspannzeit wird damit beseitigt und an deren Stelle tritt nur die Zeit zum Umschalten der Vorrichtung, die natürlich erheblich geringer ist.

Fig. 219 zeigt das Schema einer Vorrichtung, die geradlinig verschoben und abwechselnd bedient wird. Es genügen einfache Schraubenanschläge für die jeweiligen Arbeitsstellungen. Dieselbe Vorrichtung zum Schwenken um 180° ist in Fig. 220 schematisch wiedergegeben. Ein einfacher Kugelfeststeller genügt zum Festlegen in den Arbeitsstellungen. Diese Vorrichtung wird naturgemäß immer von derselben Stelle bedient.

Die Form des Werkstückes und die Art der Maschine muß entscheiden, welche Ausführungsform jeweils zu bevorzugen ist.

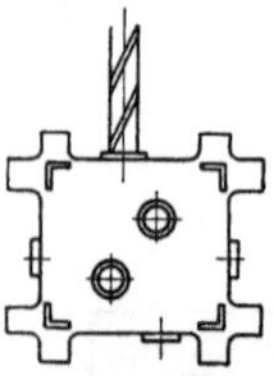

118. Kippbohrspannvorrichtungen. Fig. 221 zeigt die charakteristische Kastenform dieser Vorrichtungen, mit den Füßen als Auflageflächen.   Da die Kippvorrichtungen fortgesetzt während des Betriebes gekippt werden müssen, so ist im Gegensatz zu den Standvorrichtungen das Gewicht zu beachten: die Vorrichtung, zusammen mit dem eingespannten Werkstück muß sich noch ohne besondere körperliche Anstrengung handhaben lassen. In den Grenzfällen ist natürlich nur dünnwandiger, gut verrippter Stahl oder

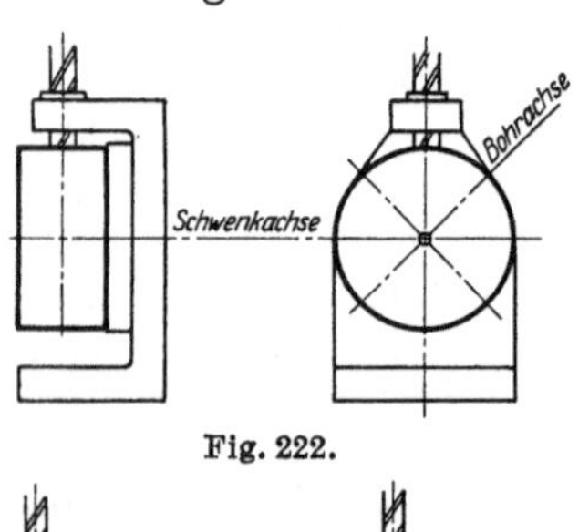

Fig. 221. Kippbohrspannvorrichtung.

Stahlguß für das Gehäuse zu verwenden. Das Gewicht muß auch in einem vernünftigen Verhältnis zu den eigentlichen Bohrzeiten stehen: Sind z. B. mit einer schweren Vorrichtung nur wenige kurze Löcher, jedoch von verschiedenen Seiten zu bohren, so kann dem Arbeiter keineswegs zugemutet werden, etwa alle 1÷2 min diese Last herumzukanten. Sind dagegen Arbeiten von längerer Dauer auszuführen, so macht es durchaus nichts aus, wenn die Vorrichtung etwa alle 15 min zu bewegen ist.

119. Schwenkbare Bohrspannvorrichtungen. Ergeben sich durch Größe, Gewicht oder sperrige Form der Werkstücke zum Kippen zu schwere und unhandliche Vorrichtungen, so ordnet man sie schwenkbar an. Sie werden zu diesem Zweck an Drehzapfen so gelagert, daß sich die zu bohrenden Löcher durch leichte Schwenkbewegung unter die Bohrwerkzeuge bringen lassen. Meistens werden die Vorrichtungen mit einer, selten mit zwei sich kreuzenden Achsen ausgeführt.

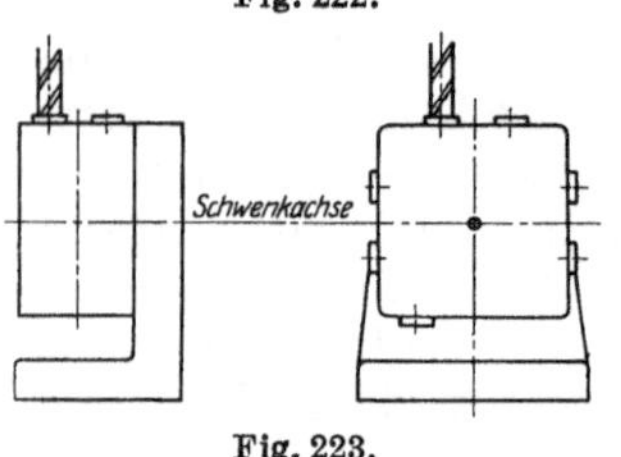

Fig. 222.

Fig. 223.

a) Mit einer Schwenkachse. Diese Vorrichtungen bestehen in der Hauptsache aus dem das Werkstück aufnehmenden Schwenkkörper und einem Lagerbock, in dem jener ein- oder doppelseitig gelagert wird.   Form und Größe des Werkstückes sind maßgebend für die Art der Lagerung. Das Werkzeugführungselement kann sowohl am feststehenden Lagerbock als auch am Schwenkkörper angeordnet werden. Dadurch ergeben sich zwei grundsätzlich verschiedene Konstruktionen. Fig. 222 zeigt schematisch die erstere Art. Sie wird hauptsächlich zum Bohren radialer Löcher in runde Werkstücke verwendet. Eine Teilscheibe mit Feststeller dient dabei zur Einteilung der Löcher. Die Bohrplatte kann auch am Lagerständer angelenkt werden, damit sie fortgeklappt werden kann, wenn sie aus irgendeinem Grunde, z. B. beim Gewindeschneiden oder Abflächen hinderlich sein sollte.

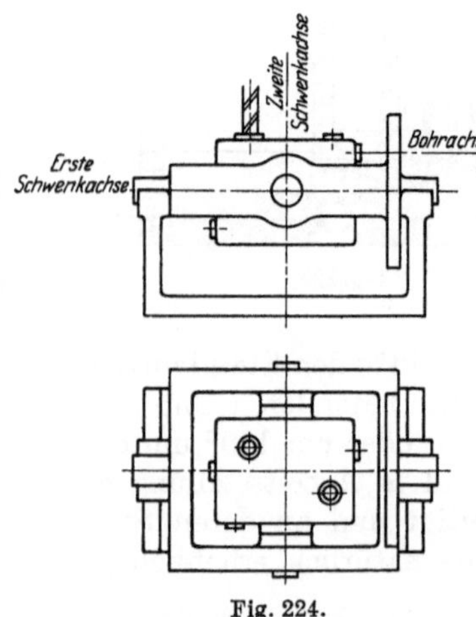

Fig. 224.

Fig. 222÷224.   Schwenkbare Bohrspannvorrichtungen.

Fig. 223 zeigt das Schema der zweiten Art. Hierbei dient der Lagerbock ausschließlich nur zur Lagerung und zum Feststellen des Schwenkkörpers, der als vollständige

Bohrspannvorrichtung mit Spann- und Werkzeugführungselement ausgestattet ist. Diese Vorrichtungen kommen hauptsächlich für unregelmäßige Teile in Frage.

Schließlich können in einer dritten Art Konstruktion die unterschiedlichen Merkmale der beiden vorerwähnten Arten vereinigt werden. Das Werkstück kann, ganz wie es seine Eigenheit erfordert, teilweise durch Bohrbuchsen, die am Schwenkkörper angeordnet sind, und auch durch Klapplehren am Lagerbock gebohrt werden.

b) Mit zwei sich kreuzenden Schwenkachsen. Diese in Fig. 224 schematisch wiedergegebene Vorrichtung wird dann benötigt, wenn an schwereren Werkstücken alle Bohrlöcher in einer Aufspannung gebohrt werden sollen und sich nicht alle Löcher durch eine Schwenkachse in Arbeitsstellung bringen lassen. Da diese Vorrichtungen nicht eben einfach sind und auch sehr kräftig ausgeführt werden müssen, wenn sie zur Zufriedenheit arbeiten sollen, so muß vorher reiflich überlegt werden, ob man auf andere Weise nicht billiger zum Ziel kommt. Die zweite Schwenkachse läßt sich manchmal dadurch vermeiden, daß man eine zweite Hilfsbohrmaschine in der entsprechenden Richtung anbringt.

VIII. Wesen und konstruktive Grundsätze der Arbeitsvorrichtungen.

Gemein- und Sonderarbeitsvorrichtungen werden sowohl in der Einzel- als auch in der Reihen- und Massenfertigung benötigt. In der Einzelfertigung um besondere Arten von Arbeiten überhaupt ausführen zu können; in der Reihen- und Massenfertigung hauptsächlich aber, um die vorhandenen Maschinen für Sonderzwecke so leistungsfähig wie Sondermaschinen zu machen.

120. Werkzeugsteuernde Arbeitsvorrichtungen. Sind Arbeitsflächen mit geradliniger Form herzustellen, so entspricht das den Normalausführungen der Maschinen und läßt sich ohne weiteres schnell und genau ausführen. Sind dagegen gekrümmte Formen zu bearbeiten, so ist schon für eine leidliche Genauigkeit eine große handwerkliche Geschicklichkeit erforderlich, da die werkzeugtragenden Teile der Maschine von Hand gesteuert werden. Dieses teuere Verfahren ist aber nur in der Einzelfertigung zu verantworten. Handelt es sich um mehrere oder viele gleiche Teile, so verwendet man Formwerkzeuge, also Schneidstähle oder Fräser, die der herzustellenden Form genau nachgebildet sind. Diese nichtgesteuerten Werkzeuge können aber nur in mäßiger Größe und nicht bei jeder beliebigen Form angewendet werden. Man wird daher oft nach anderen Verfahren arbeiten müssen, bei denen einfache Normalwerkzeuge zwangläufig gesteuert werden. Zu diesen Verfahren gehört das nachfolgend beschriebene Kopieren und Lenken.

a) Kopieren. Es soll hier nur vom Kopieren die Rede sein, wie es gelegentlich auf gewöhnlichen Maschinen, hauptsächlich Drehbänken, angewendet wird. Die Vorrichtung dafür besteht in der

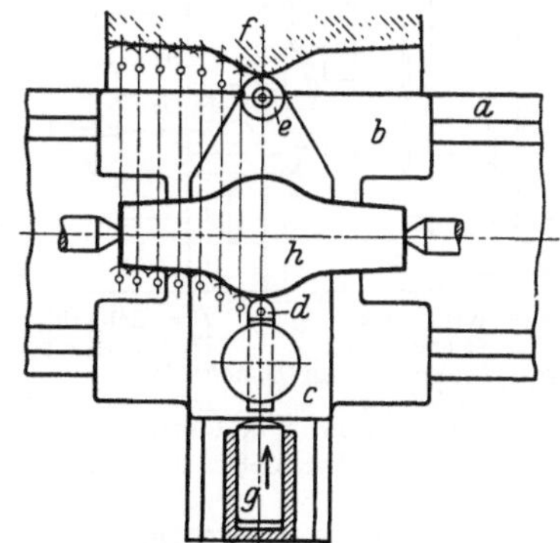

a = Drehbankbett.   c = Quersupport.
b = Längssupport.   d = Schneidstahl.
e = Kopierrolle auf c befestigt.
f = Kopierschiene.
g = Preßluftspanner, drückt c mit e gegen Kopierschiene f.   h = Werkstück.

Fig. 225. Schema zum Kopierdrehen.

Hauptsache aus einer der Form des Werkstückes entsprechenden Kopierschablone, die an einem feststehenden Teil der Drehbank angebracht wird, und einer Kopierrolle, die mit dem Werkzeugträger fest verbunden ist. Beim Entlanggleiten an der Kopierschablone überträgt die Rolle deren Form durch den Schneidstahl auf das

Werkstück. Der bewegliche Werkzeugträger muß zwangläufig oder durch eine besondere Kraft (Gewicht, Feder oder Preßluft) gegen die Schablone gedrückt werden.

Fig. 225 zeigt ein Schema für Verwendung von Preßluft. In der Skizze sind auch die Hilfskonstruktionslinien für die Kopierschablone erkennbar. Der Drehstahl muß eine kreisrunde Schneide haben. Bei gleichen Halbmessern von Rolle und Schneide sind auch Werkstück und Schablone gleich. Da der Drehstahlhalbmesser in der Regel jedoch kleiner gewählt wird, so ergibt sich für die Schablone eine entsprechend abweichende Form, die sich, wie in der Skizze ersichtlich, zeichnerisch leicht ermitteln läßt.

b) Lenken. Um regelmäßige Krümmungen, wie aus- und eingebogene Kreisflächen, Kugeln und Hohlkehlen, herzustellen, kann man handelsübliche Radien- und Kugeldrehapparate verwenden. Die Form der Schneidstahlspitze spielt hierbei keine Rolle, wohl aber ihre Entfernung vom Drehpunkt. Für Dauerbetrieb sind diese Vorrichtungen jedoch wenig geeignet, denn sie müssen von Hand bewegt werden. Durch verhältnismäßig sehr einfache Sondervorrichtungen kann man vollkommenere Einrichtungen schaffen. Die Vorrichtung besteht hauptsächlich aus einem Lenker, der mit einem Ende am festen Teil der Maschine und mit dem

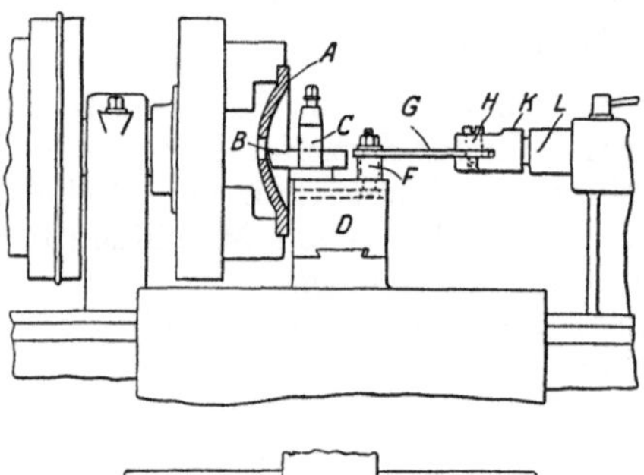

anderen am beweglichen Werkzeugträger angelenkt ist. Die Länge des Lenkers muß dem Halbmesser der herzustellenden Krümmung entsprechen. Dieses Lenkverfahren läßt sich auf allen Arten von Drehbänken und auch auf Hobelmaschinen anwenden. Ein Beispiel dafür ist in Fig. 226 wiedergegeben. Die Form der Schneidstahlspitze ist jedoch falsch ausgeführt, sie muß möglichst spitz sein. Da sie praktisch

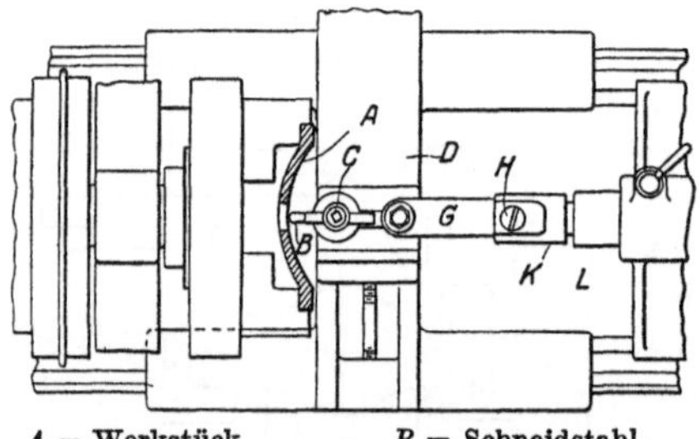

A = Werkstück.   B = Schneidstahl.
C = Stichelhaus.   D = Quersupport.
F = Lenkbo zen an D befestigt.
G = Lenkstange.   H = Lenkbolzen.
K = Gelenkkloben in L, Reitstock befestigt.
Fig. 226. Formdrehen durch Lenker.

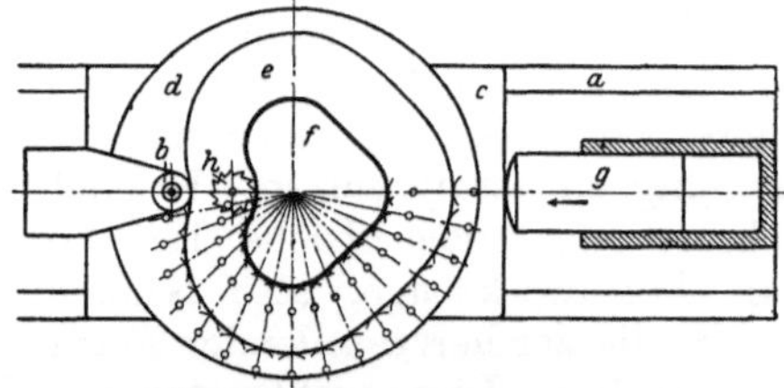

a = Feststehender Maschinentisch.
b = Kopierrolle auf a befestigt.
c = Beweglicher Schlitten, trägt d = Rundtisch.
e = Kopierschablone.   f = Werkstück.
g = Preßluftspanner auf a befestigt, drückt c
     mit e gegen b.   h = Fräser.
Fig. 227. Schema zum Kopierfräsen.

immer eine kleine Abrundung haben muß, so ergibt sich auch eine ganz geringe Formverzerrung, die, wenn es sich nicht gerade um sehr genaue Arbeiten handelt, bedeutungslos und kaum meßbar ist.

121. Werkstücksteuernde Arbeitsvorrichtungen. Bei diesen Vorrichtungen steht das Werkzeug still oder läuft nur um, während der Werkstückträger zwangläufig gesteuert wird. Man wendet hauptsächlich das Kopierverfahren an, besonders bei Rundtischarbeiten auf Fräsmaschinen, wobei der Rundtisch eine endlose Kopierschablone erhält. Fig. 227 zeigt die schematische Anordnung und die Konstruktion der Kopierschablone. Man kann natürlich nicht bloß einzeln, sondern auch in endloser Reihe aufgespannte Teile kopieren.

Eine Vorrichtung zum Bearbeiten von mathematisch genauen Ellipsen mit beliebiger Achsendifferenz auf der Drehbank ist in Fig. 228 schematisch dargestellt. Der Werkstückträger wird durch einen exzentrisch zur Drehbankspindel angeordneten Ring bei jeder Umdrehung zweimal in Richtung der Exzenterachse um die halbe Achsendifferenz vor- und zurückgeschoben. Die Achsendifferenz der Ellipse kann durch Verstellen der Exzentrizität des Steuerringes eingestellt werden.

122. Werkzeugtragende Arbeitsvorrichtungen. Zur Steigerung der Leistung können die Werkzeugträger an den normalen Werkzeugmaschinen durch besondere den Werkstücken angepaßte Vorrichtungen ersetzt oder erweitert werden. Die Steigerung kann bei geschickter Sonderkonstruktion sehr beträchtlich sein.

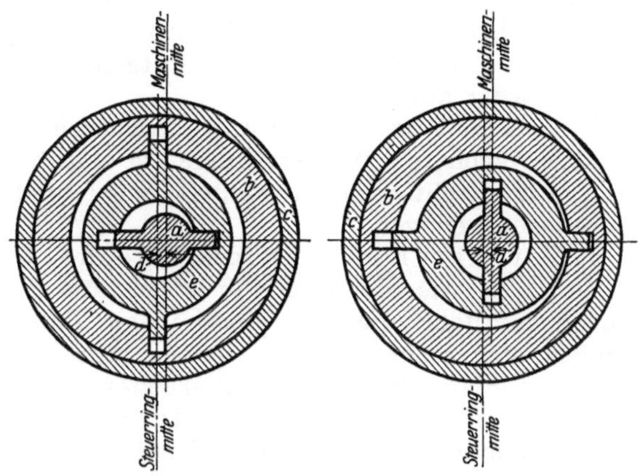

a = Antreibender Kopf, sitzt fest und zentrisch auf der Maschinenspindel.
b = Rotierender Steuerring, sitzt exzentrisch zur Maschinenspindel.
c = Feststehender Steuerring.
d = Exzentrizität, verstellbar, gleich der halben Achsendifferenz der herzustellenden Ellipse.
e = Umlaufender Werkstückträger, wird bei jeder Umdrehung zweimal um die halbe Achsendifferenz auf das Werkzeug zu bewegt.

Fig. 228. Schema einer Ellipsendrehvorrichtung.

a) **Vorrichtungen für stillstehende Werkzeuge.** Werkstücke mit zahlreichen Abstufungen und gedrungener Bauart benötigen beim Bearbeiten verhältnismäßig sehr hohe Nebenzeiten zum Messen und Einstellen der Stähle, die oft das Vielfache der Schnittzeiten betragen. Notwendig ist auch eine große handwerkliche Geschicklichkeit und Übung für diese Arbeiten. Durch Vielstahlhalter (Fig. 229) kann man die Nebenzeiten fast gänzlich beseitigen und damit die Leistung der Maschine vervielfachen. Das Wesentliche dieser Vorrichtungen besteht darin, daß für jede einzelne Abstufung und Eindrehung ein besonderer Schneidstahl in einem gemeinsamen Halter angeordnet wird, daß alle Stähle nach einer bestimmten Bewegung des Halters mit der ihnen zugewiesenen Arbeit gleichzeitig fertig werden. Zur Herstellung eines Werkstückes oder

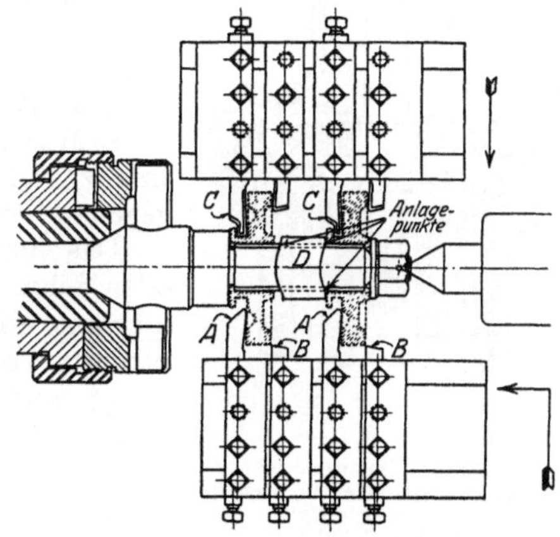

Fig. 229. Vielstahlhalter.

einer Arbeitsstufe sind zwei derartige Halter erforderlich, und zwar je einer zum Schruppen und zum Schlichten.

So schnell und einfach das Arbeiten mit Vielstahlhaltern ist, so mühevoll und zeitraubend ist das Einstellen der Stähle, auch bei Zuhilfenahme von Einstellehren, die der Form der Werkstücke genau nachgebildet sind. Sehr praktisch ist es, wenn jeder Stahl mit einer Feineinstelleinrichtung versehen wird. Nachgeschliffen und neu eingestellt werden die Stahlhalter in der Regel in der Werkzeugmacherei. Es muß daher mindestens ein Satz in Reserve liegen.

Vorbedingung für das Arbeiten mit Vielstahlhaltern ist, daß die Werkstücke aus einwandfreiem und gleichmäßig gut zu bearbeitendem Werkstoff bestehen. Muß dagegen des öfteren mit harten Stellen gerechnet werden, durch die die Schneidstähle beschädigt und schnell stumpf gemacht werden, so heben sich die großen Zeitersparnisse durch fortgesetztes Schleifen und Neueinstellen der Stähle wieder auf.

Hieraus geht hervor, wie außerordentlich wichtig für die wirtschaftliche Bearbeitung auch die Werkstofffrage ist. Auch der tüchtigste Fabrikationsleiter kann nichts Rechtes leisten, wenn Schmiede und Gießerei nicht allen berechtigten Ansprüchen genügen.

b) **Vorrichtungen für umlaufende Werkzeuge.** Ähnliche Leistungssteigerungen, wie sie durch Vielstahlhalter auf Drehbänken erreicht werden, können auf Bohrmaschinen gewöhnlicher Bauart durch Verwendung von Mehrspindelköpfen erzielt werden, indem ganze Gruppen von Löchern auf einmal gebohrt werden. Für viele Bohrarbeiten, hauptsächlich im Kreise angeordnete Löcher, können normale Mehrspindelbohrmaschinen verwendet werden, oder es können Mehrspindelköpfe, die in bestimmten Grenzen verstellbar sind, handelsüblich bezogen werden. Doch bewähren diese sich wegen häufiger Reparaturen oft nicht gut. Es ist daher richtiger, bei entsprechend großen Stückzahlen Sonderköpfe mit unveränderlichen Spindeln anzufertigen, sowie es überhaupt bei unregelmäßig angeordneten Löchern erforderlich ist. Fig. 230 zeigt eine gewöhnliche Ausführungsform eines derartigen Mehrspindelkopfes. Man kann diese Köpfe auch oft mit der Bohrspannvorrichtung in der Weise verbinden, daß ein Festspannen des Werkstückes in der üblichen Weise nicht mehr erforderlich ist, wodurch eine weitere Zeitersparnis erzielt wird. Im zweiten Teil dieser Arbeit werden derartige Konstruktionsbeispiele gezeigt werden.

123. Werkstücktragende Arbeitsvorrichtungen.

a) **Montagevorrichtungen.** Diese Vorrichtungen sind so vielseitig, daß nur ein ganz allgemeiner Umriß gegeben werden kann.

Das Zusammenfügen, sei es durch Schweißen, Nieten oder Schrauben der Einzelteile zum Halb- oder Fertigfabrikat erfordert bisweilen mehr oder weniger komplizierte Vorrichtungen, sei es, um diese Arbeiten überhaupt ausführen zu können, sei es, um sie wesentlich zu vereinfachen und zu beschleunigen. Besonders für Schweißarbeiten in den blechverarbeitenden Werkstätten werden häufig derartige Vorrichtungen benötigt, die die einzelnen Teile beim Schweißen in den richtigen Abständen zusammenhalten, ohne daß dabei irgend welche Meßgeräte zu Hilfe genommen werden.

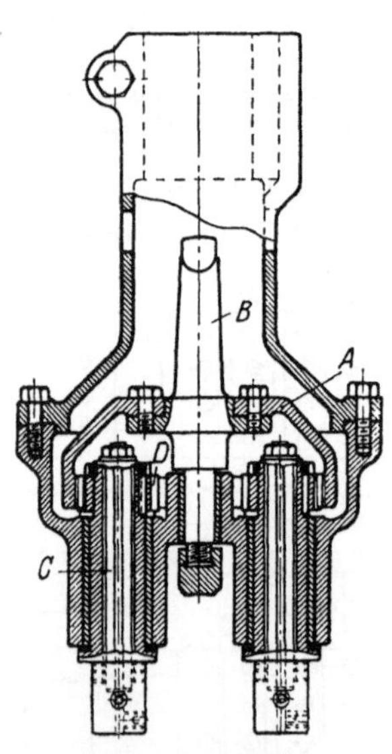

A = Treibendes Innenzahnrad.
B = Kegelschaft, wird in Maschinenspindel befestigt.
C = Angetriebene Spindel.
D = Angetriebenes Stirnrad.

Fig. 230. Mehrspindelbohrkopf.

b) **Transportvorrichtungen.** Diese Vorrichtungen beschäftigen gelegentlich den Vorrichtungsbau sehr stark, denn sie stehen mit dem neuzeitlichen Fertigungsverfahren der Fließarbeit im Zusammenhang. Während man im allgemeinen mit den handelsüblichen Transportvorrichtungen auskommt, müssen bei der Fließarbeit viele Sonderkonstruktionen geschaffen werden, um allen auftretenden Umständen gerecht zu werden. Dies ist jedoch ein Sondergebiet, das hier nicht näher behandelt werden kann.